U0139991

如何領導

構想、人才、行動三角度，帶團隊登頂的心態與基本功

HOW TO LEAD

The Definitive Guide to Effective Leadership

| 6th EDITION |

JO OWEN

喬・歐文

劉凡恩 譯

如何領導 構想、人才、行動三角度，帶團隊登頂的心態與基本功

How to Lead, 6th edition: The Definitive Guide to Effective Leadership

作　　者　喬・歐文（Jo Owen）
譯　　者　劉凡恩
責任編輯　夏于翔
特約編輯　周書宇
內頁構成　周書宇
封面美術　萬勝安

總 編 輯　蘇拾平
副總編輯　王辰元
資深主編　夏于翔
主　　編　李明瑾
業　　務　王綬晨、邱紹溢、劉文雅
行　　銷　廖倚萱
出　　版　日出出版
　　　　　地址：231030 新北市新店區北新路三段 207-3 號 5 樓
　　　　　電話：02-8913-1005　傳真：02-8913-1056
　　　　　網址：www.sunrisepress.com.tw
　　　　　E-mail 信箱：sunrisepress@andbooks.com.tw
發　　行　大雁出版基地
　　　　　地址：231030 新北市新店區北新路三段 207-3 號 5 樓
　　　　　電話：02-8913-1005　傳真：02-8913-1056
　　　　　讀者服務信箱 : andbooks@andbooks.com.tw
　　　　　劃撥帳號 :19983379　戶名：大雁文化事業股份有限公司
印　　刷　中原造像股份有限公司
初版一刷　2024 年 8 月
定　　價　580 元
I S B N　978-626-7460-85-6

國家圖書館出版品預行編目 (CIP) 資料

如何領導 : 構想、人才、行動三角度 , 帶團隊登頂的心態與基本功 / 喬 . 歐文 (Jo Owen) 著 ;
劉凡恩譯 . -- 初版 . -- 新北市 : 日出出版 : 大雁出版基地發行 , 2024.08
368 面 ; 15x21 公分
譯自 : How to lead : the definitive guide to effective leadership, 6th ed.
ISBN 978-626-7460-85-6(平裝)
1.CST: 領導者 2.CST: 組織管理 3.CST: 職場成功法

494.2　　113010890

目錄

第二章 人才——強化網絡效能

第三章 行動——讓構想成眞

第四章
成功技巧（一）——領導者的基本功

關於第六版

第五版之後的世界再也不同，COVID-19 讓遠距（working from home，簡稱 WFH）和混合工作模式成為常態，永遠改變與提升了領導與管理的重要性。遠距領導並不容易，領導者執行基本領導技能時必須更有目的性，思考更周延。看不到屬下本人時，目標設定、鼓舞士氣、溝通影響、績效與工作量管理都變得格外困難。如果你能成功帶領遠距團隊，那麼之後要帶領任何形式的團隊都不成問題。這一版有助你強化這些基本功，活用於混合工作模式的世界。

疫情加上遠距，不僅提高了領導基本功的門檻，還改變了所需具備的技能。當你轉頭望不見屬下，傳統的指揮管控便難以派上用場。你得學著信任屬下的自律，儘管無法瞧見、聽到他們；你得放手的更徹底，更加信任他們。相對地，他們要能信賴你。以往只要指派任務，現在得試著去影響及說服他們。這些都是二十一世紀的工夫，其實已經醞釀了一陣，只是疫情加速了它們的到來。

前五版不僅預見了疫情帶來的轉折，也聚焦二十一世紀的領導技能，同時強調傳統的管理核心本事。疫情期間與其後進行的研究顯示，這些工夫有必要融入混合工作模式，而第六版即充分反映出這個情形。

第六版的第二個重大改變，是探討了領導的最後一道防線：內在心態。在多年聚焦於領導技能之後，大家逐漸發現最成功的領袖，不見得技巧最好。實際上，逐步踏入高階領導層後，人們剛成為經理時的一般缺失都會被放大檢視。

過去十年，我默默研究著領導者的心態，成果摘錄進這一版。好消息是，你毋須傷腦筋，只要努力加強優點和減少缺點。頂尖領袖全都具備七項正面心態（及一種陰暗心態），學會其一都不困難，且學會之後會對你帶來長遠的改變與影響。

誠如之前的版本，本書使用來自公部門、民間組織與非營利組織的原創研究。傳統上多數領導書籍都以民間組織為例，實在目光短淺。身為八個全國性慈善機構（包括全英國招募最多畢業新鮮人的「教學優先」〔Teach First〕）的創始人，我太清楚非營利組織領導者所面臨的困境。相較於民間組織，他們的資源極少，挑戰卻沒有比較少。然而，領導公部門也不容易——嚴格的限制、密切的檢視，不過這都是領導者要面對的種種挑戰。不論是什麼樣的部門單位都有值得學習之處。雖然高效領袖必備的技能與行動不分部門疆域，領導原則亦普世皆然，但如何運用，要視個別處境而定。

本書的排序有其道理，這表示理當從頭順著章節閱讀，但我撰寫時並沒有忘記你可能是忙碌的主管，或許忙到沒時間讀完整本書，所以，本書的架構依核心技能分類，仍可依自身所需想讀哪就讀哪，因為每個章節皆自成體系。

與之前的版本一樣，你並不會讀完本書就立刻成為領袖，但它能讓你前進有方，不會漫無章法；讓你看透周遭一片迷霧，加速學習成效，成為你在學習領導能力之路上的私人教練。

前言

領導是一種能力，更是一種心態

領導力往往被說得很神祕。想要成為領導者，我們被敦促要成為成吉思汗、曼德拉（Nelson R. Mandela）、馬基維利（Niccolo Machiavelli）、甘地（Mohandas Karamchand Gandhi）的綜合體。有些人覺得自己已經很優秀了，他們是那種不值得為之工作的人。與這些巨人相比時，我們其他人會感到自己有些渺小。

當你想從優秀領袖身上找出基本要素時，這堆謎團會變得更大。我們都能在生活中認出誰是好的領袖，卻似乎無法把任何一位擺進單獨一種的框架中。

為此，一些學者決定解開此謎。這些人有閒暇時間，正在參加野生動物觀賞之旅。透過熱身練習，他們決定設計出完美的掠食者，每個人分別負責掠食者的一個元素，結果出來了一頭怪物：腿如獵豹、下巴如鱷、皮厚如犀、脖如長頸鹿、雙耳如象、尾如天蠍、河馬的姿態。這隻怪物很快在自己不可思議的重壓下，倒地不起。

這群人毫不氣餒，轉而決定設計完美的領導者。在他們心目中完美領導者應該是：

- 有創意，很自律。
- 有遠見，重細節。
- 帶士氣，能指揮。
- 給方向，願賦權。
- 有雄心，又謙虛。
- 可信賴，肯冒險。
- 直覺強，邏輯好。
- 又聰明，又感性。
- 會指導，懂抓權。

這位領袖，同樣倒在自身不可思議的重壓之下，倒地不起。好消息是，**毋須完美才能當上領袖**。掠食性動物跟領導者都必須適應環境。北極熊是北極地區完美的掠食者，來到非洲的塞倫蓋提（Serengeti）卻只能被當成午餐的命運。和平降臨，前英國首相邱吉爾（Winston Churchill）只能忍受他口中的「荒漠歲月」（wilderness years），儘管作為戰時領袖的他近乎完美。不同情境，同一位領導者的下場截然不同。本書談的是如何成為高效領袖，而非完美領袖。

尋覓領導力金粉

人們不停尋找領導力的煉金術，都盼望找到那不可捉摸的「金粉」朝自己頭上一撒，能頓時成為令人崇拜的領袖。

為此書進行的二十多年研究中，有數千名協助者參與提供其眼中的公司各層級高效領袖。此外，橫跨公部門、民間組織及非營利組織大小機構的一百多位執行長，接受了我們的深度訪談。若說有人捉摸得到金粉，那就是他們了。我回顧自己四十多年來在全球頂尖幾百家（以及一、兩家世界最差）企業的服務經驗，試圖摸索出領導力類型。

過去十五年來，我甚至與一些傳統社群共同去了解當地的領導樣態，幅員之廣從西非的馬利到蒙古、北極經巴布亞紐幾內亞到澳大利亞；離我家近一點的是牛津大學，在此我帶領一項英法領導力研究，探索英吉利海峽兩端的領導者有何不同。結果來看，壞消息是，領袖們身上沒有金粉，或者他們有卻藏得我們看不見；不過好消息更多：

- 人人都能當領袖。我們訪談過的領袖各式各樣，各有各的成功模式。
- 你可以讓情況對自己有利。有些事，所有領袖都做得很好，然而這不能保證成功，但能提高成功的機會。
- 你可以學會當領袖。你毋須成為別人，不用變成拿破崙（Napoléon Bonaparte）或德蕾莎修女（Mater Teresia），只需成為最好的自己。

本書會教你如何養成高效領袖的習慣，如何將之融入自己的風格。

解開謎樣的領導力

領導力被淹沒在意義重大的小詞彙中，像是願景、價值、誠信，是個被炒作太多、廢話折騰的課題。經過我的深入探索，這股謎團逐漸消散。領袖們給出令人心安的實用答案，解惑有關領導力的常見疑問：

- 你能學會當個領導者嗎？
- 這個所謂的願景是什麼？
- 價值觀究竟有沒有價值？
- 那些有明顯瑕疵的領導者何以能成功？
- 有些了不起的人為何無法當上領導者？
- 領導者會期待追隨者具備哪些條件？
- 優秀領導者的要素是什麼？
- 領導者就是最上位的那個人嗎？
- 你如何處理衝突與危機？

本書接下來的內容，不是關於領導力的理論，而是各個組織的各層級領導者的智慧結晶。所以，無論你在哪裡工作，本書都有助於你成為高效領導者。

尋覓領導力

尋覓領導力始於一個簡單的問題：何謂領導力？相互衝突的各種觀點立刻激烈冒出。見到優秀領導者，大家心知肚明，卻無法得出共同定義。我找到最有用的定義，是出自美國前國務卿季辛吉（Henry A. Kissinger）：**「所謂的領導，就是帶領人們到達他們自己無法企及之處。」**似乎很簡單，甚至顯而易見，意義卻相當深遠：

- 坐在組織最上位者或許坐擁領導位置，卻可能沒發揮領導力，只是小心看守其接手的組織。
- 你可以是任何層級中的領導者。領導力無關資歷頭銜，而在於作為。
- 追隨者成就領導者。你也許比愛因斯坦聰明，但若沒人跟隨你，你就不是領導者。

若說資歷無法定義領導力，那資格也不行。放眼全球十大白手起家的鉅富，就能發現MBA並非成功要件。二〇二二年初的前十大首富中，只有穆克什·安巴尼（Mukesh Ambani，印度信實集團執行長）與MBA沾上邊——他進了史丹佛商學院，之後退學。另位九名，伊隆・馬斯克（Elon Musk）自史丹佛大學退學、比爾・蓋茲（Bill Gates）從哈佛大學退學，而哈佛拒收華倫・巴菲特（Warren Buffett）。聰明也許必要，但不需要一「紙」證明。

好，如果領導無關資歷或漂亮的條件，好的領袖必定技能非凡吧？關於這點，頂多對了一半。技能厲害的領導者通常勝過技能差的，但看看職場中的那些領導者，他們的技能不見得最強。實際上，步步高升讓他們經常曝光，然而缺點也逐步被放大。這也是許多領導者在訪談中坦承的：他們明白自己缺少某些核心技能。為此，若不擅會計，就請會計師；不懂法律，請個律師。在他們眼中，領導無異於團隊運動，作為領導者，不必樣樣精通，但得專精某事。

對任何想要擁有領導力的人來說，這絕對是好消息。穿透領導力的迷霧，我們有了幾項重大發現：

- 無論在哪個層級都能發揮領導力。
- 你不需要什麼正式資格才能領導他人。
- 領導並不需要完美，沒有人能滿足所有條件。

話雖如此，我們還是得找出讓領導者有別於追隨者的金粉。套用福爾摩斯的原則：排除一切後，剩下的就是答案。現在，我們可以開始梳理領導力的真相了。

IPA三角

我們來看看領導者究竟做些什麼事。日常工作中，他們與我們相似：開會、與人交談、處理危機、受夠電子郵件、工作時間很長。只看一天，很難看出他們的工作有什麼模式。不過，觀察一個月或一年就很容易發現，在看似隨機或固定的會議與訊息之下，有著很清楚的模式。

一流的領導者只專注於三個重點，這形成了IPA三角：**構想（Idea）**、**人才（People）**、**行動（Action）**。

首先，任何層級的領導者都有一個相當簡單的構想。想顯得老練的話，我們可稱之為「策略」；想展現勃勃雄心，可名之為「願景」。規模無論大小，優秀的企業通常都有個了不起且非常簡單的構想。舉例來說：

・寶僑（P&G）：打造優質品牌。
・Google：雄霸搜尋領域。
・臉書（Facebook）：連結朋友。
・特斯拉（Tesla）：製造電動車。
・沙贊（Shazam）：為你辨識當下的音樂。

IPA三角的每個想法也許都很簡單，但要實現卻很困難。構想集中了公司的能量與資源，為員工指出明確方向，為公司點出市場競爭與成功之路。構想的重點不在什麼一本正經的願景、使命策略，甚至策略目標（這些名堂大可留給管理高層和顧問們操心），重點在於能真正集結、驅動企業的核心。我們將看到，各層級的領袖自有一個有效的構想。

IPA三角的第二部分是人才。領導是團隊活動，領導者透過他人成就功績，意味著頂尖領導者能吸引、激勵、授權給一流團隊。能成為多好的領導者，端看能打造多好的團隊。別以為你接手的隊伍能滿足你未來所需，你要打造一支能夠實現你構想的隊伍，這代表你要找到有對的技能、對的價值觀的人。一般來說，前者容易做到，後者難得多，但兩者都不能夠妥協。

IPA三角最後一個部分在於行動。我發現，一流的領導者知道如何區分信號與雜音。危機、衝突、臨時要求、挫折意外等日常雜音常讓我們忽視了信號，忘了什麼才是必須完成的重點，換言之，緊急事件推開了重要項目。一流領導者會處理雜音，但也一定會花時間持續推進實現構想——他們極懂得輕重緩急。

對所有層級的領導者來說，這個IPA三角極其重要，也是本書的基本架構。無論你身在何處，只要建構IPA，就有機會成為更有效能的領導者。

領導力三大支柱

IPA三角很簡單，但這只是領導力三大支柱之一。只看領導者的作為等於只看表徵，而非根本。我們能看到他們做些什麼，但還得深究他們如此有效率的原因。

領導的第二個支柱，是「詢問人們對領導者有何期待」。詢問人們有何期待，是商場上很簡單的概念，卻鮮少被用在領導力。我們得到的答覆充滿啟發，但在讀下去之前先想想：你對上司有何期待？對各級領導者又如何？

如果你希望成為能吸引優秀人才追隨的領導者，了解人們對你的期待就相當值得。**人們期待領導者展現一套領導作為**。重點不在你做什麼，而在你是怎樣的人。以下是人們對上位者作為的主要期許：

- 激勵他人的能力。
- 願景。
- 誠信。
- 決斷。
- 處理危機的本事。

我們應該停下來想想，哪些東西不在這清單上。管理技巧、可靠程度、聰明才智、野心抱負、注重細節、規劃組織，全都沒能上榜。當我們展開這趟領導力之旅，將深入探討人們對領導者的主要期許是什麼，也將發現如何能有效施展這些作為。

此刻會令人想宣稱勝利，但這份清單不大對勁。人們對最上位者的期許，不見得等同對新興領導（emerging leaders）的期待。那些上千名協助我們研究的參與者，證實了這個猜測，他們想看到新興領導展現的舉止，完全不同於對高層領導者的期待，誠如下表所示。

本書將一一探討這些作為的意義，以及你該如何學會。這裡要記住的重點是，隨著層級攀升，成功與生存的法則也有所不同。身處基層，需要「勤奮可靠」這類的品質；看來很低的門檻卻絆倒了許多人，所以一開始做好基本就能獲致成功。

風險隨第一次晉升而來。之前所學到的成功模式建立於勤奮不懈、可靠積極，於是自然想發揚光大，加倍努力，可是卻導致了

對各層領導者的期待作爲

上層領導者	中層領導者	新鮮人／新興領導
願景	激勵人的能力	勤奮努力
激勵他人的能力	決斷力	積極主動
決斷力	業界歷練	聰明
處理危機的本事	拓展人脈的能力	可靠
誠信	分工授權	企圖心

悲劇。當你進入中層領導，就需要不同的技能。你不再是場上奔跑擒抱的球員，而是場邊負責挑選、訓練、帶領最佳團隊的教練。你得學會一套截然不同的技能。攀登職場山岳，風景不斷改變，眼前不再是山腳的日常細節；你開始以相對高遠的角度抓重點，這表示要學習新技能與新作為。

一流領導者永遠在學習和調適，普通領導者則固守過往的成功模式，且很快發現自己停滯不前。學習意味著嘗試新的工作方式、去做不同事情，也不可避免會有受挫風險，但這也代表最佳領導者有嘗試的勇氣，面對挫折必須堅韌不拔，他們心中沒有失敗二字，每回受挫都只是學習與茁壯的契機。**「不斷學習和成長」就是本書立基的領導力第三根支柱。作為其來有自，它來自你的思維。**過去五年來，我的領導力研究重心是：一流領導者的舉止作為是否取決於其思維。很顯然，確實有所謂的「領導力心態」（leadership mindset），這跟技能和舉止一樣，每個人都學得來。

七種成功心態是：

- 正面積極，不要虛偽。
- 期許很高，志在摘星。

- 堅信自己，才能說服他人。
- 學習和成長。
- 充滿勇氣——加速職涯發展。
- 他人棄械投降時，堅持到底。
- 選擇性無情。

情況好時，我們都能展現這些心態，但頂尖領導者則不分陰晴，全年如一，且比多數人更進一層——承擔的風險更大，可以更加無情但也更加積極。那麼，他們是如何培養出這樣的心態？本書第六章將有著墨。

學習領導力

剖析領導是一回事，加以學習則是另一回事。太多人總是拿商界和歷史上的偉人（幾乎只見男性）為領袖範本，這對常人毫無幫助，也不實際。我們再如何渴望，無法都成為成吉思汗或賈伯斯（Steve Jobs）——在所有人都想當成吉思汗的公司，工作環境必然不會快樂。

所以，**企圖成為別人，你無法成功**。相對地，只做自己也成不了氣候。如果你像個充滿荷爾蒙焦慮的青少年，成天盼望世界看見你內在的天才、人性與天賦，恐怕得等到天荒地老。

「靠成為別人無法成功，只做自己也成不了事」，那該怎麼辦呢？成功之道是做最好的自己。我們訪談過的每位領導者都清楚表示，他們能有今天是因為懂得發揮優勢。每個人都有弱點，但專注弱點可不是成功祕訣。靠專注自己弱點而贏得金牌的奧運選手很少，你不會叫一名舉重選手去克服他在水上芭蕾的不足。同理，靠專注於改善弱點而獲致成功的領導者也很少。不必成為別人，做最好的自己就行。發揮強項，弱點則要加以變通。

本書是你邁向領導力之旅的最佳指南，深入探討高效領導勝出的許多實用技能。**不保證成功，但可提高勝率**。

領導力能否學會？如果能，怎麼學？這些問題一直有所爭議。好消息是，每個人都能學到某種程度，就像我們能學會玩某樣樂器或某種運動，也許我們無法成為箇中翹楚，但至少可以變得更優秀。

另一種主張領導力是天生、無法後天培養的理論，就十分恐怖。在以出生決定階級的君主制與貴族制時代，英國主張這種理論約九百年。結果在這九百年期間，國家統治落入殺人犯、強暴犯、盜賊狂人毒販之手，偶有想力挽狂瀾的天才曇花一現。這個理論用在商業上也不太好，多數家族企業發現「富不過三代」果然是真理：第一代賺錢、第二代花錢，第三代回到第一代起家時的白手狀態。

相信領導力乃天生而非養成，是宿命論。你索性幫每個新鮮人做DNA測驗，來決定他們的命運。實務上，我們可以幫每個人提升領導潛能，問題只在方法。為了證明這一點，我們詢問受訪領導者關於學習領導力的途徑，讓他們從以下六種管道挑選兩種：（一）書籍；（二）課程；（三）同儕；（四）上司（好壞範例）；（五）典範（職場內外）；（六）經歷。

看答案之前，可以想想哪兩種對你最重要。我們詢問過全球數千名高階領導者，答案清晰浮現。沒人說主要是靠讀書或上課——這對寫書與授課的人恐怕不是好消息。我們全都學自本身或旁人的經驗，這是我們最看重的教誨。

然而，學自經驗有個問題，經驗是一種隨機漫遊。幸運的話，碰到好的經歷、上司、同儕和典範；倒楣的話，則是碰到不好的。你可以冀望自己夠好運，但**運氣不叫策略，盼望不是辦法**。

換言之，你必須管理你的領導力之旅，這時書本和課程就能派上用場了。一本書從頭讀到尾不能使你成為領導者，這也不是書籍課程的功用，它們主要是幫助你理解自身經驗，降低隨機成分，加速你的領導力進程。這本書提供架構，協助你從經驗汲取教訓，讓你在這個基礎上建構出自己的成功旅程。

領導力的本質

一、**每個人都能學會如何領導，提升領導力：**不必是天生領袖。領導力的基礎是所有人都能學且應該學的技能。好壞範例都能為師，學習絕不能停。

二、**沒有完美的領導者：**不要苛求完美，應力求進步，加強優點。

三、**身處任何層級都能發揮領導力：**領導關乎績效，無關職銜。只要你帶著人們邁向他們自己無法企及之處，就是在領導。

四、**從優點出發：**領袖都有一項獨特長處，讓他能在對的情境下不斷獲得成就。發揮優勢，弱點則找出變通辦法來改善。

五、**領導是團隊運動：**別想當一人英雄；與人合作，截長補短。

六、**展現作為，不接受現狀：**領導者要敦促自己與他人超越目標，跳脫舒適圈，讓自己與組織更上一層。

七、**找到適合環境：**在此處成功的領導者，到別處可能會遭挫。若想成功，得找出自身特長最能發揮之處。

八、**愈資深，人際和政治技巧就愈重要：**在初階層級時，技術足以帶來晉升；職級愈高，愈要靈活拿捏管理人與政治的藝術。

九、**各級的領導之道不同：**在此階段的成功，無法保證下個階段的成功，因為人們對你的期望會變；為此，要了解新的期望為何，並發展必要的新技能。

十、**責任在己：**無論是你的表現、職涯、感受，自己都責無旁貸。

第一章

構想

設定方向

這個旅程始自一個構想。不是隨意一個構想，而是你對理想未來的構想。有了它，就有了北極星，它能引導你，使你專心一致，形塑團隊，聲名鵲起。一流領袖有一流的構想。任何層級的任何人，都能有率領團隊前進的出色構想。有了好的構想就能進而有好的領導力，頭銜職位都不是問題。

第一章主要在談「一個好的構想，如何讓領袖有別於主管」，讓你（無論此時的職位）能擁有一個理想未來的構想。然而，只有構想並不夠，得證明這個構想與公司切身相關，值得投入，切實可行；得向你的團隊、老闆與同事們做有力溝通，說服眾人；得知道如何在公司的正式策略下讓這個構想運作，也就是輕鬆悠遊於策略的世界。

第一章結束前，你應能自在定義你的完美未來構想，加以評估，輕鬆推銷。形塑你的未來的就是它，此書自然也從它開始。第二章和第三章將介紹如何憑藉優秀團隊，以及掌握在複雜世界中如何讓事情成真的技巧，將構想化為事實。

掌好舵

所有領袖的第一個任務就是掌舵。身為主管要掌舵不難，你接受指派、有預算、有人手，或許還有現成的系統能協助你管理績效、預算和進展。想要有效管理，只要管好現成的人手、計畫和系統就行了。但本書談的不是管理，而是領導。若想握有領導力，就需要更高層級的掌舵能力。

作為經理人，掌控現有狀況即可；作為領導者，得讓現狀有所改變，把它帶到更高更好的境界。維持現狀慢慢改善沒什麼不對——那是所有經理人的任務，但身為領袖，要做的不只有這些。除了承襲過去的遺產，也得為將來創造遺產。換言之，**變革是領導力的核心。**

領導者好不好，端看他們能否帶領底下的人們到達他們自己無法企及之處。無論帶領的是Google這類巨型組織或五、六人小組，都是如此。如何造就不同，必須要有個構想，而這個構想得有助於你打造一個有別於現在的更好將來。

「打造一個有別於現在的更好將來」的構想，說來簡單，卻往往被埋沒在每天的生存之戰。我們或許想改變世界，眼前卻有客戶在電話那頭嘶吼；月底結算還剩兩小時就要截止，還得準備簡報，有上百封電子郵件等著看。作為領導者，除了得處理日復一日的戰爭，同時也要永不忘記想達成的更大目標。

想想你的立場。在你帶領一、兩年之後，會有什麼不同？當然，你會有各種預算與目標，如果你是高效經理人，將一一完成，如果運氣不佳，可能苦苦奮戰。但在達成管理目標之外，局面會不同嗎？或好得讓人印象深刻，傳頌不已？

”打造一個有別於現在的更好將來。

打造不同，真的不容易。在領導力工作坊的課堂練習中，我要成員說出二次世界大戰後的英國首相或美國總統有誰，並回想每位領袖除了曾參與國外戰事之外，還有哪些作為。現在，讓我們看英國首相留下的典型印象。

領導力工作坊課堂練習：英國首相留予後世的印象

- 艾德禮（Clement R. Attlee）：引入福利制度，使英國成為福利國家。
- 邱吉爾：一事無成的和平時期領袖，與戰爭期間截然不同。
- 艾登（Robert A. Eden）：蘇伊士運河危機。
- 麥米倫（Maurice H. Macmillan）：說過「你從未有過這麼好的生活」。
- 威爾遜（Harold Wilson）：在一九六〇年代談及「科技革命白熱化」（white heat of the technology revolution），儘管沒人真的明白他所謂的科技或革命究竟是什麼。
- 希思（Edward Heath）：航行以及帶領英國加入歐洲共同體。
- 威爾遜（第二任）：抽菸斗。
- 卡拉漢（James Callaghan）：罷工、停電、每週工作三天。
- 柴契爾（Margaret H. Thatcher）：柴契爾主義及許多相關的好壞事件。
- 梅傑（John Major）：一個把內褲外穿的提線木偶。

・布萊爾（Tony Blair）：伊拉克戰爭。
・布朗（Gordon Brown）：金融危機。
・卡麥隆（David W. D. Cameron）：脫歐公投失利。

其中有些教訓引人矚目，這些占領媒體多年的領袖並沒留下什麼印象。能依其所願被記住的只有兩位：艾德禮創造了福利國家，柴契爾以柴契爾主義聞名。連邱吉爾在承平時期都一無可取，我還拿掉了其中一位道格拉斯－休姆（Douglas-Home），根本沒人記得他曾做過首相——順帶一提，他是麥米倫的繼任者。

那兩位讓人留下深刻印象的首相，對於自己要如何改變英國有非常明確的構想並達成了目標，依其理想改寫了國家。其他人除了掌權和阻止對手得權之外，不知道究竟目標為何。無庸置疑，他們懷抱宏圖，歷經政壇猛烈風浪，或許他們自己確實相信，他們造成了改變，但歷史的判決不留情面：絕大多數都不是合格的領袖。

”如果想成爲領導者，必須造就變革。

現在，讓你自己接受這個首相測驗：你希望留下什麼印象？要被記住非常困難，更別提被感謝了。回想你共事過的上司與老闆，他們寫下過什麼變革、在你腦海留下什麼印象？你八成只記得他們的為人，而非其作為。你會記得他們如何待你及其言行，而非他們讓業績超標七％。

如果想成為好的管理者，只要管好你接下的職位並謀求改善——這本身便不容易。然而，如果想成為領導者，則必須造就變革，你要擁有人們會注意並記住的構想。在下一節，你會了解一個扣人心弦的構想如何讓你與你的團隊表現出色。

構想爲何如此重要？

基於以下五個理由，你需要有激勵人心的前瞻構想：

一、提高成功的上限。

二、掌控企業或部門。

三、建立明確的優先順序：會做什麼、不會做什麼。

四、賦予團隊希望和意義。

五、證明你將帶來改變。

提高成功的上限

成功取決於抱負。成就很難超越計畫，除非想靠運氣，但想望不是方法，運氣不是策略。

企圖心取決於構想。如果這個構想是減低公司迴紋針的用量，你大概多少可以達成；如果這抱負是創業，成功的上限就會大幅提高。最好的構想往往簡單且宏大，比如：付費流量（Google）、連結線上友人（臉書）或廉價航空（瑞安飛航〔Ryanair〕），都是成為跨國帝國、帶來個人鉅富的極簡構想。正如所有偉大的構想，它們說來也許容易，落實卻極為艱難。

偉大的想法面臨龐大的障礙。Google 一開始面臨強大成熟的競爭，最大的壁壘並非來自市場，而是自己腦海。對於自己能做什麼、能達到什麼，每個人都有夢想，但若不能勇敢付諸行動，夢想永遠只是夢想。這本書將會教你如何形塑構想並付諸實現。

> **偉大的構想能加速職涯發展：快速成功，或快速失敗。**

當你敢於行動，人生頓時改寫。偉大的構想會得到高層的強力投入，他們也許支持也許反對，但至少他們投身其中，知道你的存在。有趣的是，推銷遠大構想常比渺小想法容易。小想法為無盡的審查評估所阻，被細節所窒息；大構想取決於高層是否支持，他們不在意細節。大構想能加速職涯發展：成功得快，失敗也快。換言之，即便一個構想沒能成功，也將學到很多，見識到高層如何考量和起手。

總之，請勇於做夢，勇於實現。

掌控企業或部門

我們已經知道，身為領袖當務之急就是掌控。如果你負責一個部門卻沒有自己的明確目標，就不是真正握有控制權，而是受制於高層的每項新措施，以及種種互相衝突的目標與優先事項。

當你對改寫現狀有清楚的想法時，就能設定進程，握有控制權。你可以重新打造團隊，讓各種必要技能相互搭配；你可以建立優先順序，分配資源；你可以決定要改變什麼，團隊要如何行事。你不再隨著公司事件的浪潮逐流，而是駛往自己選定的方向。你將充分掌舵。領導與漂流的區別，就在掌控。

所謂的掌控不是細節管理；假如你控制影印機的使用，恐怕就控制錯東西了。差勁的主管常用細節管理取代真正的領導，表面看來有掌控權，卻不必承擔為方向、焦點做出決定的風險。掌控意味著設定目標，打造團隊，授權支持以達成目標。所以別管影印機了，專注在真正的要務吧！

建立明確的優先順序

認為自己目標太少、可輕鬆達成的人有多少？不多。在職場也差不多如此。隨著組織走向精簡扁平，落在領導者身上的壓力更多。他們面臨互相衝突的目標：上頭交付的目標，與其他部門合作還有偶爾較勁的必要。

多數人都能應付壓力，有些人還可以表現得更佳，但很少人能長久如此。壓力與焦慮的差別在於掌控程度。面對必須達成的目標，若有掌控權，就能迎向挑戰；

反之，要是少了掌控權，目標得仰賴他人、上級與同儕拋來緊急要求、關鍵資源忽然沒了、期限被硬性提前而我們一籌莫展時，焦慮指數就會整個升高。

> 壓力與焦慮的差別在於掌控程度。

當你心中有譜，就有了掌控權。你明白哪些工作不重要該擋掉，把時間力氣集中在最緊要之事。沒有人有百分之百的掌控權，卻不能因此放棄努力。身處一片曖昧不明，我們得盡力打造出明確。沒有想法、心中無譜，就不會有明確感或掌控權，而優先順序，就是拿到掌控權的第一步。

賦予團隊希望和意義

在詢問人們對「好老闆」有何期待時，也經常聽到很多對「壞老闆」的看法。

老闆讓我們研究的受訪者無所適從的一件事就是：無法做出決定，不斷三心兩意。這會讓團隊非常氣餒，因為這意味著不確定性、困惑、無止盡的重新來過。每當老闆改變主意就得重新來過，那正是對團隊方向不夠明確的結果。

部屬希望領袖很有定見，他們希望覺得自己是朝著更好的將來邁去——他們期待一名帶來明確、希望、有意義的領袖。

世界愈趨複雜，眾口紛紛在談「複雜管理」（managing complexity）。要做到複雜管理，你要夠聰明且努力，但要從其中創造簡單、建立團隊渴望的明確重心，你得更上一層。當你對目標有明確想法，就能打造團隊想要的明確性。

證明你將帶來改變

回想一下首相測驗。每個首相想必都自以為帶來了改變，青史留名，但他們以為的改變幾乎不留痕跡。

如果希望被視為領袖，就得讓人看見你做的改變——這是高難度考驗。我們都有自信能做出改變，但誰會相信？為了檢驗你能確實做出改變，請試著回答以下問題：

- 比我高兩階的主管會注意到我所做的事嗎？
- 其他部門同仁認為我正帶來改變嗎？
- 十年後我將如何回想這一年？

達成關鍵績效指標（KPIs）或超越業績目標幾個百分點，保證無法通過測驗。即使是最高層的領導者，都必須能對董事會、顧客及利益關係人講出一個簡單的「故事」。一場精心準備的八十頁簡報，誰都不會記得。考考你們，以下企業背後各有什麼簡單構想？毫無疑問，他們都有龐大詳盡的策略及書面計畫，但這一切都是由一個非常簡單的構想所驅動：

- Google：付費流量。
- 微軟：主宰桌上型電腦的操作系統。
- 勞斯萊斯汽車：奢華駕馭。

• 利多（Lidl）超市：透過規模與限縮品項所帶來的低成本零售。

這些企業憑著致力於單一構想而成為業界領袖，這就是一個好構想的力量。話雖如此，這同樣也可能摧毀一家企業。英國大型連鎖超市特易購（Tesco）靠著郊區大型雜貨店造就的低成本，一躍成為英國市場領導者，之後遭到利多與奧樂齊超市（Aldi）等更低廉的對手攻擊，且兩家的品項還更少（兩者各有兩千至三千的商品品項，特易購約有三萬至四萬）。在另一端，它又面臨高價、高品質、精緻服務的對手，例如維特羅斯（Waitrose），後者還提供更好的便利性。

其實就連微軟都面臨風險——行動運算的興盛，讓用戶更樂意使用安卓等操作系統，且往往不用付費。跟免費的競爭實在太難了。

”領導者必須能對董事會、顧客及利益關係人講出一個簡單的故事。

雕琢構想：創造你的完美未來

歷來給予領導者最糟的建議，恐怕是「先來的先處理」，這表示我們就只管應付眼前的事。聽來實際，實則不然，那只會導致不斷滅火，一直應付危機，沒完沒了地對付管理日常的各種雜音。這樣做，領導力將會變成從今天走到未來的隨機漫步，見招拆招，不知最後如何——風吹往北就往北，吹西就往西。

當今的現實顯然既是約束，也是機會。你必須面對，但不能只是回應，而是得同時根據目的加以塑造一切。

完美的未來

身為領袖，起跑點就是想像完美的未來。練習看看，想像三到五年後，你希望你的團隊、你的世界與你的角色是什麼樣子？別受今日局限，朝你真正的希望去想像。這個想像請盡可能鉅細靡遺：你會在做什麼？你帶著怎樣的團隊，達成了哪些成就？留下了什麼印象深刻的事？如果看來跟此刻相差不遠，要麼你已擁有夢想工作，要麼你沒盡力發揮自己。

待你知道將來的完美模樣，即可從此刻開始努力。不要先來的先處理，而是以盡頭作為出發點。如果不知道自己該往何處去，你不可能抵達那裡。

想像將來的完美之時，可能會浮現十幾樣待辦事項，但其中最重要的可能只有兩、三件，請專注於這些，設法找出優先達成的重點之道，再慢慢研究更多細節，不要一開始就讓自己陷入細節之網。

這個完美的未來是你的北極星，讓你知道什麼該優先處理，也讓你知道什麼盡量少碰，或該交付出去。分出輕重緩急，這將是非常有用的時間管理工具。

另外，這個完美未來的想法必須夠簡單，讓利益關係人、理事、員工、供應商、客戶都能懂，並覺得與切身相關。所有人都有貸款、購物、假期、帳單、週末等事情要煩，你的遠見可能落在購買貓食；沒有你的遠見，貓咪不會有事，但貓沒有東西吃，那可不行。要讓人們認真聽甚至起而行，你的遠見勢必要是掏心之作。

世界更趨複雜，變化只有更快，人們更需要一個簡單的方向。要從複雜中闢出簡單，不是天才就得靠勇氣。是時候來看看現實中有哪些有效的未來完美構想了。一個好的構想，能讓所有人清楚知道目的地、自己該做什麼、不該做什麼。這樣的構想有各種樣態，在此僅提供三個範例：

- 紅箭飛行表演隊（The Red Arrows）：完美演出。
- 瑞安航空：廉價航空。
- 美國國家航空暨太空總署（NASA）：登月第一人。

這些陳述簡單明瞭，一望即知，完全聚焦在重點。每個案例都是由一個簡單的構想驅動了整個組織。

紅箭飛行表演隊

紅箭飛行隊是英國皇家空軍的表演隊伍，其願景明確：做到完美的飛行演出。他們不以其他飛行表演隊為對手，成功標竿只有一個：完美無缺。

對完美的追求滲透他們所有的作為，從仔細挑選隊員到每次任務規劃，和之後詳盡的回饋來找出達到完美的途徑。對於什麼重要，他們完全清楚並全神貫注。

瑞安航空

航空公司的競爭手法很多，包括：機上服務、常客優惠、時間便利性、飛航路線網、加長空間座位、機上娛樂、食物酒類品質、機場貴賓室、臥鋪、準時性、機場選擇和接駁服務等。

面對這一切，愛爾蘭瑞安航空創辦人邁克·歐黎瑞（Michael O'Leary）只有簡單一招：低成本、低成本、低成本、低成本、低成本、低成本、低成本、低成本、低成本、低成本、低成本，以及低成本。

非常簡單，非常專注，非常有效。包括顧客在內，所有人都明白這代表什麼。一切就從這低成本中心延伸：

- 機型：只有一種，成本極小化。
- 行銷：取消旅行社代購，成本極小化。

- 票務：電子確認，去掉昂貴紙張。
- 準時：相當準時，機隊使用極大化，成本極小化。
- 機場：次級機場，落地費低廉，週轉快速。

作為廉價航空，瑞安航空與國家航空的市場與營運模式明顯不同，而前者最能經得起廉價航空市場的洗禮。與此相對，為了滿足不同市場（低預算旅人及高端商務旅客），國家航空員工經常被不同的訊息和需求搞得暈頭轉向。兩者的差異一目瞭然：英國航空公司的班機看得見西裝筆挺的商業人士，瑞安班機上幾乎不見西裝。

“即便是最棒的構想也難永垂不朽；要生存，得適時調整。”

「低成本」這個想法，讓瑞安航空飛黃騰達三十多年，成為歐洲最大航空公司，疫情前的二〇一九年，顧客數超過一億四千九百萬人次。然而，沒有無法挑戰的贏家，例如，對手開始提供更方便的機場與更優質的服務，於是瑞安採取激進手段，試圖取悅顧客。套一句創辦人歐黎瑞之語：「我必須承認，這對我是嶄新經驗，但若行得通，我會希望我更早就對客人好些。」

美國國家航空暨太空總署

一九六二年，時任美國總統甘迺迪（John F. Kennedy）承諾，將在該世紀之間送一人踏上月球，並讓他順利歸來。這是典型的完美未來構想，它打造出簡單明晰又動人的目標，讓整個國家動員起來。

為了達成目標，他成立了美國國家航空暨太空總署。雖然當時無人知道完成機率，但這個想法激動人心，最終獲得成功。從美國國家航空暨太空總署登月後的經歷，就可見此想法的力量。它取得一些成功（哈伯望遠鏡），也歷經一些挫敗（挑戰者號），而最初的焦點與動力卻漸漸失去。甘迺迪的願景是要追上俄國（前蘇聯）

的太空腳步——蘇聯太空人尤里．加加林（Yuri Gagarin）是進入太空的第一人，美國不想把太空控制權讓給冷戰時期的敵人。

RUSSIA是一套簡單方法，用以檢視構想的力道如何：

- **相關性（Relevant）**：你的願景和你的需求是否相關？美國面臨輸掉太空競賽之憂，因此甘迺迪的願景非常切合。
- **獨特性（Unique）**：你的願景（「成為世界一流」）能否用在其他公司？如果能，就不理想。NASA的願景獨一無二。
- **簡單（Simple）**：假如沒人記得你的願景，就沒人會採取行動。過了五十多年，甘迺迪的願景依然深刻清晰，震撼人心。
- **拓展（Stretching）**：領導力是關於帶領人們到達他們自己無法企及之處，這意味著要拓展潛能。NASA的願景無疑是去往從未有人到過之處。
- **個人（Individual）**：每個人該做什麼以達成願景，這點是否清晰？NASA的願景簡單，為所有人點出明確方向，讓他們知道自己該做什麼、該專注在哪個部分。

・**可行性（Actionable）：**你的願景必須可行並可衡量，員工才能決定優先順序，清楚自己該做什麼、不該做什麼。

你的完美未來構想，有通過這個 RUSSIA 的檢視嗎？

傳遞完美未來的構想

好了，現在你有關於「完美未來」的構想了，接下來，要如何傳達？假如你直接展示一份兩百頁的 PowerPoint 簡報，那麼你機會渺茫。用無數的要點來讓人厭煩，這不是對待團隊的好方法。同樣地，如果你站上辦公桌宣稱你「有一個夢……」，大家可能開始悄悄幫你掛號身心科了。

所幸，你毋須成為像古希臘政治家伯里克里斯（Pericles）、邱吉爾或馬丁・路德・金恩博士（Martin Luther King）那般偉大的演說家，只要懂得「說故事」，而這是我們所有人都辦得到的事情。

這個故事，要簡單分成三個部分陳述：

一、這是我們現在的處境，也是我們必須改變的原因。

二、這是我們的目的地，以及這個目的地對我們有什麼意義。

三、這是我們抵達目的地的方法，以及你對此能有何貢獻。

就這麼簡單。愈簡單，力道愈強。今天這個世界讓我們陷於選擇困難，這其中造成的複雜困惑，是我們承擔不起的障礙。一個好的構想能使人思路清晰，讓所有層級的人員能做出更好的決定。

執行長們喜歡看公司通訊（newsletter）及年度報告，這當中往往充斥許多吹捧照片，展現他們在辦公桌後的凜然神態——在公司一角的生氣勃勃、與某皇室成員或政府官員並肩的高人一等、出席公司頒獎典禮的大度親切。一般而言，企業通訊的作用，就只是向執行長證明他們自己有多棒。

”好的構想能讓人思路清晰，讓所有層級人員都能做出更好的決定。

現在，回想一下剛進職場時，你多常讀公司通訊或相信其中的報導？可悲的事，有些執行長仍以為，幾篇優美文章、兩封振奮人心的電子郵件、公司奢華會議製作出的華麗影片，就能激發人們對新願景的熱情與承諾。再想想吧！

所謂的溝通願景，包括寬頻（一對多）與窄頻（一對一）的溝通。

願景的寬頻溝通

成功的溝通，必須要有以下三要素：

- 一個簡單且一致的訊息。
- 不斷重複。
- 多種溝通手法。

再看看那些成功的願景，它們皆能扼要成一個句子甚至片語。假如你的願景聽明而複雜，扔掉吧！把它簡化，才有被記住的機會。

不斷重複可充分傳遞訊息。

不斷重複可充分傳遞訊息。
不斷重複可充分傳遞訊息。
不斷重複可充分傳遞訊息。
不斷重複可充分傳遞訊息。
不斷重複可充分傳遞訊息。

別企圖搞婉轉。我要承認自己像是在幫英國知名洗衣精品牌 Daz 打廣告。七十多年來，Daz 的基本訊息始終沒變：洗潔白，Daz 厲害。不婉轉，但至少大眾會記得。就算你已對同一群人重複了很多次，別以為就可以轉向其他訊息，請再講一次。

最後，利用各種溝通方式。不少方式都不錯，像是：內部通訊、電子郵件、公司大會、各個會議、培訓、網站、巡訪，都有助於充分說明。你說得愈多，得到的挑戰與回饋也愈多，也愈知道怎麼更清楚地講到每一群對象的心坎裡。

另外，請慶祝成功和勝利。當你發現某人的作為正體現你想打造的願景，加以表揚，公開獎勵。

願景的窄頻溝通

說到底，領導力是種身體力行的活動，別想憑著遙控進行。就像英國作家約翰．勒卡雷（John le Carré）寫的：「想觀察世界，辦公桌是危險地點。」間諜如是，領導如是。你得培養一個深信你所講的團隊與人脈。不用說，你的一級團隊必須認可，若不，就得走人。一個自我對抗的團隊，成功機會不大。

”你得帶出一個深信你所講的團隊與人脈。

還有比較不顯眼的做法是，要在整個組織內與特定個人網絡進行互動。你要讓組織內非正式的小道消息挺你。光靠寬頻溝通，不足以充分傳遞訊息。內部通訊的風格及可信度，往往可比擬蘇聯時代的《真理報》（*Pravda*）。你必須跟那些掌握小道消息的人夠接近才行。

關於這一點，這可能是在各種場合碰到各種人那樣半隨機的自然過程。現實中，組織裡總有些人，其非正式的影響力遠大於其正式職位。也許他們帶領社團，也許他們歷經風霜，見過執行長來來去去。這些人可以散播毒藥，卻也能散播希望。他們置身權力架構之外，所以備受信賴；他們人際網絡寬廣，所以影響深遠。就是這些人在傳播小道消息——當他們說，新的願景頗有道理，眾人都會接受。

某執行長回顧任期的前三年，發現超過一半時間在溝通他對未來的完美構想。人們很難聽進你的話語。如果你花六個月發想、修正想法，可別期待誰能聽完四十五分鐘的簡報就充分領略。得持續溝通，且充滿創意。

使鞋匠們就範：溝通服務理念

約翰・提姆森（John Timpson）創辦的修鞋連鎖店有六百五十家門市。這可能是任何人能找到最無聊、規模最小、前途最無光的產業，但提姆森卻成功了，員工都以公司為榮。

提姆森知道，想成功，他得兼顧修鞋與顧客服務。提供優質服務就有更多顧客上門。「優質服務」這看似簡單的理念，全盤推動著他的生意。他明白，與其想把臭臉鞋匠訓練成以服務為重的快樂員工，不如先找對的人，再訓練他們修鞋。他深知，這是一場革命。

提姆森要求地區經理找人時，要看服務態度，別以技術為主。經理們有聽但沒有懂，他們還是找鞋匠，儘管臉沒那麼臭。最終，提姆森修改了聘僱審核表，拿掉所有文字，取而代之的是一堆照片：整潔先生、開心先生、迅速先生、聰明先生、可靠先生在正面，反面則是邋遢先生、遲到先生、瞎扯先生、懶惰先生。區域經理得圈出每位應聘者最像哪個先生。這樣很難人才多樣，但成效頗佳。經理們都懂了，開始招募適合的人。提姆森跳脫傳統鞋匠的框架，藉由優質員工提供的良好服務，從而讓顧客保持快樂和忠誠。

推銷構想

想要領導，就得推銷，愈有經驗的領導者往往愈是厲害的推銷員。你會發現，必須將自己的理念、願景、優先順序、解決方案推銷給團隊、同事、老闆，以及公司內外的利益關係人，為此，很值得學習如何推銷。

如何有效推銷自身構想，有三個關鍵：

一、聆聽。

二、準備和詢問。

三、清楚明白自身構想。

聆聽

我們都有一堆了不起的想法，尤其跟朋友幾杯黃湯下肚的時候，但是到了冷冷的白天，那些想法卻像吸血鬼逃開黎明般地煙消雲散。測試想法的第一步，就看是否有人買單，願意支持。那麼要怎麼建立支持隊伍呢？

首先，你需要所有偉大領導者和推銷員的祕訣，也就是兩隻耳朵一張嘴，並且依比例使用：聆聽時間至少是開口的兩倍。

說服力非關推銷工夫，而是要了解對方的需求和想法。不了解對方的需求，就不可能影響他們。所以，要透過他們的眼睛看世界：他們的目標與優先項目是什麼？面臨哪些問題願承擔多少風險？有哪些個人盤算？知識就是力量，努力取得，善加運用。

”知識就是力量，努力取得，善加運用。

聆聽不僅在於汲取知識，也在於建立信任。我們生活在一個很難讓別人聽見我們聲音的世界，總是感到受冷落、被忽視。所以當有人肯花時間、費心思聽你的意見，你會做何感想？正常反應會覺得感激、開心、放鬆等等，進而理所當然地給予回饋——對於看重我們的人，我們同樣看重。

準備和詢問

良好聆聽的核心在於提出好問題的藝術。提出好問題比做盛大演講還要難。演講由你主控，講什麼隨你。然而在對話中，你沒有全部掌控權，對方可能隨時拋出讓你意外的新資訊、想法或洞見。這表示比起重要演說，一場重要對話需要更多的準備。

有個不錯的準備方法：先釐清你最不希望對方提出的五個疑問和五項議題是什麼，而這些疑問和議題八成就是你得應付的。如果對話的進行出乎意料，你大概就沒辦法做好準備了。

好問題往往是開放式的，開放式問題能激發對方完整答覆，封閉式問題則只能

以「聽」說服

這家專業服務公司的合夥人全都非常聰明，嗯，大部分啦。在那些明亮火炬中，有一位燦爛如閃爍的小燭火。她有點格格不入，沒什麼氣勢，說話有點奇怪，但客戶很喜歡她，這讓那些明亮如火炬、喜歡以華麗言詞要客戶接受自己觀點的合夥人們很不舒服。

某天早上十點，我看見她跟一位客戶在會議室，她正在專心聆聽著。下午兩點我再度經過，她仍在那裡，照樣聆聽。六點時，客戶走出來且滿面笑容。這位客戶和我說他剛剛說服對方，協助他公司進行一項三年改革計畫，他終於看見突破挑戰的曙光了。

我目瞪口呆。這名「小燭火」合夥人剛替公司簽到一張三年合約，客戶卻自認獲勝。我後來問這位合夥人怎麼辦到的。「我只是讓他們清空心思跟腦袋，唯有那時我的想法才有機會進去。當然，那時我也能把自己的意見講得完全符合他們所需。用心聽，就這麼簡單。」

以「是」或「不是」作答。各位可以參考以下舉例，會更加明白兩種問法的差異。

封閉式問題很危險，有招來負面回應的風險，即便是正面回應也無法提供任何資訊。一旦得到負面回應，就會陷入一場衝突：你得說服對方你是對的，而他們是錯的，從而造成雙輸局面。開放式問題則是邀請對話，鼓勵對方和你一起共同解決問題。

清楚明白自身構想

你當然知道自己的理念和想法是什麼，但真正的考驗在於：你是否知道別人「為何」要支持你的構想。你深愛自己的構想而不見其缺點，這

開放式問題	封閉式問題
你今年的目標是什麼？	你有如預期的達到業績嗎？
你喜歡這個新想法的哪些部分？	你喜歡這個想法嗎？
如何在可負擔範圍內完成？	有足夠預算做這個嗎？
我們如何爭取到執行長的支持？	執行長會支持嗎？

是很大的風險。所以請保持客觀，從他人角度觀察這個理念。**沒弄清楚別人會如何審視你的構想前，你其實並不是真的清楚理解它。**

身為執行長，你可能熱切地想打造一個美麗新世界，讓組織至精至簡，而這可能扯出一堆流行術語：層級合併、外包、境外外包、最佳外包、適度規模調整、流程簡化——換句話說，你想解僱一大票人。毫無意外，員工對這樣的美麗新世界沒那麼熱切。即便真的如願大砍人員，倖存者可能也會感到受傷、焦慮、對前途憂心。為此，如果希望他們表現傑出，得描繪一幅超越解僱員工的願景，讓他們對未來充滿希望。

不要那樣戲劇化好了。對於提升部門績效，你可能擁有一個好點子，但如果這意味著你需要其他部門的協助合作，就別驚訝你會碰壁。別的部門有別的需求，且可能早已不堪負荷——他們最不想要的，就是去幫別人做更多事，說不定還得冒險搞砸自己的工作。

為此，審視自己的構想時，得自問兩個問題：

一、問題是什麼？

二、好處是什麼？

你想解決什麼問題，而那是誰的問題？值得解決的好問題是當中充滿痛苦的問題。沒人喜歡痛苦，執行長們常稱之為「失火的平臺」（危急關頭的意思），看到火眾人就會去撲滅。為此執行長不惜製造危機，聲明通常如下：「若現在不進行改變，就會因為危險的對手而倒閉。」面對可能失去工作，多數人都會願意改變。

疫情就是「失火平臺」的極端例子，驅使企業在一週內完成過去十年也比不上的改變。在二〇二一年二月下旬，遠距工作仍不可想像，到了同年三月底卻已是標準流程。徹底的痛、徹底的威脅，能激發戲劇化的改變。

如果沒有人感到痛苦，你的好點子恐怕很難激起迫切感，而這會是「有的話也不錯」，而不是「必須要有」的構想。

第二個問題：「好處是什麼？」好處愈大，人們愈會努力投入；你得到的支持愈多，公司愈是願意給出承諾，這個承諾可以是質化、量化（非財務面）或財務面的。以下表格條列出改善員工士氣與提高顧客滿意度這兩個簡單構想的差別。

質化面	量化面（非財務面）	財務面
我們要改善員工士氣。	每年員工流失率將從 23% 下降到 10%。	我們每年的選拔招募成本將省下 300 萬英鎊。
我們要提高顧客滿意度。	我們將縮短 40%的交貨時間。	我們每年將額外進帳 2,500 百萬英鎊的業績與 500 萬英鎊的收益。

一般來說，公司認為財務面的獎勵最動人。當有人提出質疑時，你可以在他們眼前揮著財務大獎：「你真的打算因為那個問題，放棄一年五百萬英鎊的收益嗎？」沒有哪個高層想被視為阻擋公司每年多賺五百萬英鎊的人。大獎當前，反對聲浪會漸漸消音。反之，「提高顧客滿意度」的泛泛承諾，走不了太遠。所以，弄清楚你的構想，才能清楚地秤出獎品的斤兩。

當然，這樣的好處要有可信度。如果你認為縮短交貨時間可帶來一年五百萬英鎊，要找適合的人來對此加以認可。行銷及業務部門要同意：交貨時間縮短能夠帶來更多顧客；作業部門要同意縮短交貨時間確實可行；財務部要同意，你提出的數字夠合理。驗證提案時，別要求專家批准整個計畫，否則會被太多既得利益者綁架。請每位專家只驗證與其角色相關的部分就好。要成功，得步步為營。

策略拿捏

身為領導者，某些時刻必須處理正式策略，而**了解何謂策略是首要挑戰**。今天這個名詞已略帶貶值，可代表說者所認為重要的任何事，像是策略審查、策略投資、策略活動，甚至策略家們對其本質的看法也有歧異。實務上，有兩種策略方法值得認識：古典與現代。

古典策略

古典策略是牛頓式的行動與反應，其核心主張是：能理性分析一個企業，開出它未來該怎麼做的處方。古典策略的優點，在於它為策略思考帶來原則與架構。直覺和本能可以很厲害，卻也可能造成毀滅。若運用得宜，古典策略的架構能讓你進行理智的結構化討論。其缺點是，這個世界鮮少有符合策略家所提出的井然有序的框架和處方。除此之外，未來的本質也不可知，我們幾乎無法分析未來。當我們企圖那麼做，大概很快就會碰一鼻子灰，就像過往的一些例子一樣：

- 著名美國經濟學家歐文．費雪（Irving Fisher）在一九二九年說：「股價已來到看似會永久持續的高原。」市場應聲崩盤，也捲走了費雪的財富。
- IBM創辦人湯瑪士．華生（Thomas Watson）在一九四三年說：「我認為全世界的電腦市場大概只需要五臺電腦。」儘管他確實預測到影印機有多達五千臺的機會。
- 3Com創辦人羅伯．梅特卡夫（Robert Metcalfe）於一九九五年說：「我預估網路即將成為超級新星，到一九九六年則會慘烈崩解。」
- 電影發明人路易．讓．盧米埃爾（Louis-Jean Lumière）於一九二九年（充斥失敗預言的一年）說：「有聲電影這項發明很有意思，但我不認為它們可以長青。」
- 英國郵政的威廉．普利斯（William Preece）於一八七六年提到：「美國人需要電話，但我們不用，我們的郵差一大堆。」

- 英國前首相內維爾・張伯倫（Neville Chamberlain）於一九三八年九月三十日宣稱，他保障了「這一時代的和平」。一年內二次大戰爆發。不過他確實爭取到足夠時間重新武裝英國，準備應戰。

你可以拿工具圖表來輔助策略討論，各式各樣都有。使用得當，這些工具有助思考，但不能代替思考，也絕不要相信其預測能力，未來誰都說不準。

美國管理學家麥可・波特（Michael Porter）被公認為古典策略的一代宗師。科班經濟學出身的他於一九八〇年寫成《競爭策略》（*Competitive Strategy*），根據的是他一年前以同名發表在《哈佛商業評論》的文章。此書成為里程碑，至今依然影響管理思潮，很值得深入探討。

就波特看，競爭策略的基礎在於理解以下的五力分析：

- 直接競爭有限。
- 不能被輕易取代。
- 難有新進入者，意指成功門檻很高。

• 客戶力量有限。
• 供應商力量有限。

所以，到底五力是什麼意思？以下一個簡單對照即可清楚說明。如果我決定在本地大街上開間漢堡店，看看微軟的電腦桌面系統和我的生意前景如何？

一看便知，我不太可能靠這家漢堡店賺大錢，但微軟可以，即便它偶爾會出一些不怎樣的產品，像是Vista跟Windows 8.0。儘管如此，

五力分析	微軟電腦桌面操作系統	喬的漢堡店
直接競爭	極其有限——例如：蘋果、Google	麥當勞就在附近，還有另外兩間漢堡餐廳。
替代品	操作系統替代品？鵝毛筆？	不遠處還有一間披薩店和四家異國風味餐廳。
新進入對手	進入門檻非常高：轉換成本及風險對既有客戶很高。	租金低廉，誰都可以進駐。
客戶力量	弱：顧客很難跳槽。	顧客會路過店面而不入，他們也確實如此。
供應商力量	很小：並不仰賴任何供應商。	我是加盟店，所以得仰賴供應商（特許經營授權商）。

還是要當心：競爭雖然激烈，有好點子依然可以成功。也就是說，好點子能讓你脫穎而出，給顧客想要也負擔得起的東西。

我家這邊大街上一間生意興隆的麥當勞附近，就有兩家漢堡餐廳生意很好。一家是供應「正宗」漢堡的高檔餐館，另一家是由滾石樂團的比爾．懷曼（Bill Wyman）所經營，裡面都是他的紀念品。身為懷曼，確實擁有他人難以企及的獨特賣點。總之，如果有好點子，就有機會成功。厲害的想法絕對勝過枯燥分析，毫無例外。

> **厲害的想法絕對勝過枯燥分析，毫無例外。**

事實上，這些分析工具本身是危險的——假如所有人都做一樣的分析，就會得到同樣答案、採取同樣行動，導致競爭自殺。若每個人在同個時間點進入同個市場，災難就在眼前。若大家都決定退出市場，留下的就很有機會在沒人搶的情況下賺大錢。古典策略的局限促使眾人找到更好的——我們可稱之為現代策略。

現代策略

波特和那些無盡的表格引發一股叛變勢力，由印度裔美籍管理學教授普哈拉（C.K. Prahalad）領銜，再由其追隨者承襲，包括：蓋瑞．哈默爾（Gary Hamel）和金偉燦（Chan Kim），造就了由策略意圖（Strategic Intent）、核心競爭力（Core Competence）與藍海（Blue Oceans）形成的世界。過去二十五年，這些迷人的行銷標籤讓企業界趨之若鶩，以致難免也遭到廣泛誤解。比如說，核心競爭力可以指我們根本不擅長做的任何事。

我們稱普哈拉派為「現代」策略，純粹是為了與波特等人的古典路徑做出區別。現代策略看重發現與創意而非分析，非常適合破壞性的創新年代。本書第一版發行時，社交網絡就是去派對或與某人喝咖啡；沒人聽過什麼臉書，也沒人知道自己會需要它（馬克．祖克柏除外），如今臉書已是許多人的社交中心。

同樣地，我們以前不曉得將會想要沙贊告訴自己正在聽的音樂名稱，想要Spotify串流我們喜愛的音樂，或我們會整天平板電腦不離身。用古典策略做出的分析，絕不會促成臉書、沙贊或Spotify的出現，反而可能叫我們躲開這些險途——在音樂界中，環球等音樂出版商看來不可一世。戴爾（Dell）跟惠普（HP）在電腦業呼風喚雨，傳統分析絕不會引領三星進入這個市場，然而與蘋果打造平板市場的卻是三星，不是惠普或戴爾。那麼怎樣才能有創意地想出好點子？有以下方法：

模仿他人

很多了不起的企業都源自模仿。瑞安航空是歐洲最大的飛航公司，起於直接抄襲美國西南航空——低成本、極簡飛航手法的先驅。英國最大的畢業新鮮人招募公司「教學優先」，其靈感來自「為美國而教」（Teach for America）。iPad在二〇一〇年一上市即席捲市場，其實在此之前已有AT&T（一九九一年）和Compaq（一九九三年），只是沒有那麼成功。

解決顧客問題

當你被某事煩擾，大可選擇繼續頭痛，或是把這問題解決然後大賺一筆。沙贊解決了我們不時會碰到的困擾：聽到好音樂卻不知叫什麼。沙贊端出了解套。同樣地，詹姆斯・戴森（James Dyson）無法忍受吸塵器始終吸得不夠乾淨，尤其當集塵袋快要滿的時候。為此，他在製作了五千一百二十七個原型之後，終於找到一個足以勝出胡佛（Hoover）等吸塵器大廠的理想答案。

過一天顧客的日子

想找出改變現況之道，這是最快的途徑。當航空機組人員得像乘客一樣忍受安檢、登機手續、護照及行李延誤時，這類機場麻煩將很快走入歷史。

某家自來水公司深信其客戶服務優異，他們所做的顧客調查可為佐證，直到我讓他們看了一段影片，影片中是一位年老顧客因自來水公司造成的洪水問題沒有得到解決而傷心落淚，他們才發現實際狀況並非如此。你要透過顧客的眼睛看世界，並拋開顧客調查的扭曲鏡片。

持續不懈

成功與失敗的區別在於堅持。愈不放棄，愈能抓準分寸。現在人人皆知付費流量是搜尋引擎的成功關鍵，也是Google的發達之道，但當初並不顯眼。dot.com繁榮時期，Yahoo!、Magellan、Lycos、Infoseek、Excite都力爭龍頭，市場試探各種手法，持續不懈造就出一位贏家：Google。中國的百度就是在模仿它。

> **成功與失敗的區別在於堅持。**

分析獲得洞見的方法

歐洲管理學院（INSEAD）的金偉燦在《藍海策略》（*Blue Ocean Strategy*）一書中，提出一種獲得創新洞見的方法。前提很簡單：畫出顧客需求及對手產品的價值曲線，找出機會所在。下表簡單一例可具體說明。

這個簡版分析顯示，你有機會改變遊戲規則。在基本需求投入更多：舒適床鋪及安靜房間，讓客人享受充分好眠。別把錢花在顧客不重視之處，如健身房。現在全球的經濟型飯店就是採取這套公式。

現代策略給任何有好主意的人帶來了希望。擁有龐大資源的大企業敵不過有好點子的好團隊。換言之，IPA三角（構想、人才、行動）不看權力或特權，有IPA就能成功。這是經驗，不是炒作。

在每個案例，大企業似乎都握著所有王牌：有錢、高市占率、強大技能。挑戰

	顧客需求	一般飯店
好睡的枕頭床墊	✓✓✓✓✓	✓✓✓
房間安靜	✓✓✓✓✓	✓✓✓
美味餐館	✓✓	✓✓✓
宜人的接待區，周到的接待人員	✓	✓✓✓✓✓
健身房	✓	✓✓✓✓

表 1-1：某飯店簡化版的價值曲線

者很弱小，任何理性分析都會阻止他們跟巨人打對頭——別人不會建議大衛去挑戰歌利亞（編注：聖經故事，大衛是年輕牧童，歌利亞是高大的敵軍戰士）。

然而在每個案例，這些挑戰者都改變了遊戲規則，規則一變，大企業進退兩難。若固守原來模式，無異放任挑戰者成長；若改變模式，等於放棄現有霸權。舉個例子，假如你是英國航空的領導者，眼見瑞安航空崛起，你會怎麼做？實務上，老牌企業傾向依照歷來屢試不爽的模式走，挑戰者則找到了「藍海」——無人競爭的市場，在其中迅速崛起。

老牌企業	挑戰者
英國航空、漢莎航空（Lufthansa）	瑞安航空，易捷航空（EasyJet）
胡佛	戴森
柯達相機	三星，Google 等拍照手機
戴爾、惠普	聯想、蘋果
英國廣播公司（BBC）	天空廣播公司（Sky）

表 1-2：面對挑戰的老企業

結合古典與現代策略

現代及古典策略為你提供了兩種截然不同的思考商業方式，兩者各有價值。基本上，現代策略最適合新興及破壞式創新公司，或面對後起之秀挑戰、準備突破既有框架的成熟企業。

若使用古典策略，可別埋頭只顧做分析，應以分析作為策略討論的起點而非終點。若採用現代途徑，別對自己的點子一廂情願，這會讓你完全看不到任何缺點。現代策略帶來的一個成功案例，其背後有上千個是以失敗收場，那些人就是自以為有精彩構想，卻仍停在閣樓或車庫等待世界發現他們。

策略與不公平競爭的藝術

公平賽事的麻煩是：你可能會輸。企業老闆們高唱競爭很重要，但實際上，他們不喜歡競爭——除非自己是贏家。要贏，最好是有可靠的獲利來源，亦即經濟學者說的「尋租」（rent seeking）。典型的尋租者是壟斷者，其獲得政府某種特殊待遇，像是補貼、執照或各式許可。這些特權往往能保證獲利，毋須太費力競爭。

不公平的優勢

若要競爭，一定要能掌握某種完全不公平的競爭優勢，讓你可以賺取極高利潤，而競爭者卻很難翻盤。每家公司都需要有幾樣這種產品或業務。在某些領域，你的賺頭必須遠超過資金成本，這些超收可負擔未來投資、拯救營運及策略失誤，彌補還處於獲利掙扎的其他業務。

我們生存在這樣的世界：顧客想付少拿多；稅務員總想再多收一點；員工希望加薪；競爭者不停降價、創新、提高品質；危機與災難頻頻發生。在這樣的世界，利潤迅速蒸發，「競爭優勢」不足抵擋，所以，你會想擁有一種讓監管機構和政客注意到的不公平優勢。

從策略的角度看，最終你要有能帶來不公平優勢的點子。以下幾個例子，就是獲利豐厚的「不公平」競爭優勢：

- 持有在低成本油田開採石油的執照（埃克森美孚〔ExxonMobil〕、巴西石油〔Petrobras〕、殼牌〔Shell〕）。
- 位於商業大街的最佳位置（麥當勞、星巴克）。
- 擁有版權、商標或專利（迪士尼、戴森）。
- 率先進入自然獨占的新市場（微軟之於操作系統、Google之於付費流量、環球銀行金融電信協會〔SWIFT〕之於銀行同業大額支付〔high-value interbank payments〕）。
- 打造出強力品牌（寶僑、Nike等）。

・擁有獨特資源（英國航空在希斯洛機場的降落時段）。

”最終，要擁有能帶來不公平優勢的點子。

這些都是龐大且「不公」的優勢，讓許多大企業儘管效率不彰，依然坐擁厚利。有多少上述公司符合此條件，由你自行判斷。

理論上，我們大概都同意競爭是好的。從社會和經濟發展的角度來看，確實如此。然而，從我們自身的生存來看，競爭就不是太好，因為你可能會輸。所以，在合法的前提下，請設法提高勝算。

評估構想

如何知道自己的策略構想夠好？你可能沒有時間、資源做充分的策略分析，但你得回應可能碰到的各方質疑，例如：老闆、同儕、投資人、其他利益關係人。在他們提問之前做好準備，在他們質疑之前先質疑自己。

該充分準備的問題來自四個相互交疊的面向：

- 財務
- 顧客
- 競爭
- 產品／營運

財務

你大概做了一份財務試算，右下角擺著一個迷人的數字。沒什麼人會信，因為這類表格大多是從右下角出發——高層主管先找出人們想看到的神奇數字，從而建構了整份財務表格。

沒人會直接質疑這些數字，但他們會要你解釋背後的假設：

- 你推估的市場規模、成長、占有率是否正確？
- 你的定價是否實際，尤其當對手們群起回應時？
- 你的成本是否合乎相關基準？
- 你的現金流規模、時機是否實際，還是需要更多投資？

這些測試簡單且根本，唯有當構想扛住了這些考驗，才該走向下一步。如果你的計畫只能達到起碼的財務回報，等著瞧吧！當競爭、顧客及不可預期的種種破壞了預設，你的財務回報將不堪入目。最好的構想，要能大幅超前所有財務障礙。

顧客

優秀的策略大多源自對顧客的洞見。當你談到「顧客」時要夠精準，顧客有別於市場，如果市場區隔做得好，就能找到可發跡之處。舉例來說，當我推出Zest沐浴肥皂，市場研究顯示九成的人不喜歡，有一成卻非常喜愛它的獨特外觀及香味，願意掏出更多錢。我們的成功，所需不過如此。

> **如果市場區隔做得好，就能找到可發跡之處。**

往往你可能以價格來區隔市場：高價／平價。為此，該問的問題包括：

- 這有解決真正的顧客需求嗎？他們肯為此掏腰包嗎？
- 價值主張為何？你要怎麼溝通？
- 你如何接觸到顧客：銷售通路、鋪貨通路、媒體、訊息管道？
- 你的顧客是否形成一個能鎖定、獨特的小眾市場或能做出區隔？

最好的檢視方法就是跟潛在顧客對談。就算手上沒有成品或服務，也要能具體描繪，激起反應。請仔細觀察，人們常想保持禮貌，所以反應中立就算不好；若潛在顧客表現出熱情，這個點子就有成功希望。熱情的支持者會說出他們喜歡這個點子的理由，根據這些理由，你可建構出可信有力的訊息或價值主張。

競爭

敵手往往是個謎。即便我們知道他們是誰，也難預測他們的作為，常高估或低估他們的威脅。若是高估，可能乾脆放棄；若是低估，可能摔得很慘。所以，必須提出正確問題，盡全力一一作答。找到了解市場或曾在對手公司服務的人，協助你剖析態勢，以端出精彩的解決方案。至於有用的提問包括：

- 對手要抄襲你的點子有多容易？你有進入的門檻（專利、獨家權、強力品牌、固有客戶等）嗎？
- 你的想法有哪些替代品或服務？它們的魅力如何？定價如何？

- 對你的目標客群來說，對手的產品價格與價值相較如何？
- 競爭者對你的點子可能做何反應：定價、產品、促銷各方面？

產品／營運

這是最後一步檢視。你真能以適切的成本、時間、地點，端出對的產品、服務或點子嗎？你已組成必勝的團隊，還是仍苦於招募？基本上，創業投資者重視人才不下於好的構想，公司亦然——優秀經理人比好點子更能獲得支持。這表示你必須組成最佳團隊，並確保能得到公司內外有力人士的大力支持。善用相挺之力，借重高人信譽。

> 創業投資者重視人才不下於構想。

第二章 人才

強化網絡效能

領導力產業大多根植於一種想法：領導者是英雄。求名若渴的執行長們撰寫自利的傳記，演說圈盡是大談其勵志故事之人，講述史上偉大領袖英雄的書籍汗牛充棟。這使人產生錯誤觀念，毫無幫助，因為多數人都不是英雄，也永遠不會是。即便成吉思汗與曼德拉確實是優秀典範，我們卻難以複製。所幸，你毋須加以複製，也不用當個英雄。

一流的領袖甚至不用親力親為，就算成吉思汗或曼德拉也一樣——他們讓身邊充滿優秀人才，頂尖的領袖有最棒的團隊。那麼問題來了，領袖究竟做什麼？如果團隊很棒，要領導者做什麼？這是連執行長們都很難回答的簡單問題——他們知道自己的頭銜（執行長），卻未必確知自己該扮演什麼樣的角色。

本章將說明該如何打造團隊，並帶領他們實現你的構想。這門藝術包括：挑選、招募、訓練、激勵，以及管理團隊表現，以上這些，是所有領導者都必須學習的核心技能。當建立起一個完全合乎理想的優秀團隊，眼前就只剩一個令自己瞠目的難題：你的角色是什麼？如果這支隊伍那麼優異，你還有什麼可做？你可不想把這謎題留到最後。率先解決，才能明白自己該做什麼、要打造什麼樣的團隊，所以，本章一開始就要先幫你解決這個謎題。

自我定位

愈高階，角色就愈模糊。如果是基層業務，職責很清楚——達成明確的銷售目標。當你升至管理階層，迷霧漸漸籠罩。身為經理人，有多重目標，顯然不可能凡事親為，這表示得建立一支能幹的隊伍；而當你有了這樣一支團隊，你又能外加什麼價值？你的角色是否還有必要？

我們且以前美國總統雷根（Ronald Reagan）為例。眾所周知，當年他並不勤奮，至少就位居要津的總統標準來說。他常打高爾夫，每天八點看電視配晚餐，但是，雷根為什麼有辦法治理最有勢力的國家、贏得冷戰、推出雷根經濟學、進行核武消減談判，且仍有時間打高爾夫、吃晚餐配電視呢？

雷根之所能夠如此，是因為他深知自己的角色定位。雷根及其作為，你也許不予以肯定，但就達成目標而言，他確實有做到。那是許多領袖、總統或執行長難以企及的。他專注在領導ＩＰＡ：

- **構想：**他明確知道自己要達成之事：雷根經濟學，擊退共產主義的威脅。
- **人才：**他在身邊建立起一支能實現其理念的團隊。
- **行動：**他清楚闡釋個人定位。他是優秀的演說家，很能激發希望與樂觀，說服國會與大眾支持他的目標。

換言之，身為領袖，要清楚自己如何為團隊加分、如何能帶來改變。團隊之中有人能做你手中的事，所以交給他們吧！別忙你位階以下的事，你沒那個時間，你的時間太寶貴。而這一切，表示得跳出應付熟悉挑戰的舒適圈。

❞身爲領袖，要清楚自己如何爲團隊加分、如何能帶來改變。

如果你是公司的中階領導者，可能不認為這跟美國總統的角色一樣，但大體而言，其實兩者無異：

- **構想**：知道你想達成什麼。
- **人才**：建立及管理一支能實現你構想的團隊。
- **行動**：打造有利於團隊蓬勃發展的條件。

一旦目標清楚，就可以決定其他人該做什麼。身為領袖，關鍵的職責之一，是為團隊能充分發揮，打造基礎，這表示要挑選適合成員、拿到足夠預算與資源、確保高層給予支持，以及必要時祭出政治手腕，分派任務，管理績效。這些是身為領袖的你才能擔當的，至於其他的一切，幾乎都可交給團隊處理。

因此接下來，我們要探討如何借他人之力成事。

吸引合適的隊友

對的團隊就是你的夢幻團隊，可以化險為夷，轉危為機，意外也能成驚喜。若將就接受「B」級團隊，就有得頭痛了，每個挫折都將演變成危機。你會聽到各式藉口，還得浪費時間處理成員之間的爭執，每個期限將至都無法成眠。這時候，你可能暗自詛咒團隊，但其實該詛咒的是自己。所以，建立合適的團隊，是所有領袖無可旁貸的重責大任。切記，**團隊素質決定你能實現目標的高度**。

> **你接手的團隊，頂多跟前任領袖一般好。**

然而，現實中有很多原因，讓你只能帶領「B」級而非「A」級隊伍。你接手的團隊，頂多跟前任領袖一般好；幸運的話，能接續前位優秀領導者的腳步，接下一支優秀隊伍。

但是，與其靠著樂透般的運氣，不如掌握自己的命運——只要能吸引到「對」的成員就可以了。

首先，得清楚所謂「對」的團隊是什麼模樣，其包含以下三個特質：

- 對的技能。
- 對的行事風格。
- 對的價值觀。

通常大家會把焦點放在技能，這卻很危險。正如一位執行長曾說：「我發現我找人多半是因為他們的技能，開除則多半因為他們（差勁）的價值觀。」想想那些在公司惹出大麻煩的人，他們大概不是技能有問題，問題出在價值觀。

那麼到底如何判斷「對不對」呢？以下將詳細說明。

對的技能

技能很重要，以致很多人在談論如何「爭搶人才」。很顯然，有些特別專業、技術層面，得付出高薪取得。曾經請過律師事務所解決重大訴訟的人，就明白優秀的技術人才何等昂貴。所以說，當你需要技術人才，一定要找頂尖的，並準備為此付出代價。

不過，大多數的其他技能則成為「商品」，好比具備資訊、會計能力的人到處都是，甚至可以外包或交付境外；團隊成員也可從工作中習得其他技能。換言之，除非需要某種市場追逐的特殊技能，否則應該是可以在一堆條件相當的候選者中挑選，為此，你更需要有篩選的方法。

最簡單的篩選方式，就是看他們曾憑本事帶來什麼成就，但這卻也會導致某些顯而易見的空頭陷阱。首先，人們經常會誇大成就。我在招募畢業新鮮人時，就發現他們全都有過豐功偉業——每個人都聲稱自己當過志工、跑過馬拉松、創辦社團、自成老闆。儘管表面上正走向百萬富豪之路，其實他們只想當個新人。所以，要查核事實，聽取建言。

其次，只看成就的第二個盲點，是公司往往認為外來的經驗更好。這就像員工總以為別處的草原更綠。別忘了，最美的綠地雨最大。外面找進來的人其實風險很高，你不知道他們有哪些成就或為何離職。此外，所有新人都不免有過渡期障礙，因為之前讓他們成功的非正式力量已經不在了。即便跨越了過渡期，很多人難以適應新文化。職位愈高（執行長例外），這些挑戰愈大。如果從公司內部找人，至少可以知道這個人完成過什麼，他的人際網絡仍在，也懂得內部的公司文化。

”別忘了，最美的綠地雨最大。

最後，外部招募還有一個障礙，就是得弄清他們成功的原因，這其中存有微妙平衡：如果是他們帶來成功，他們是否講求團隊合作，或喜歡單槍匹馬？如果是前者，那他們真有領導能力嗎？這是該類型的候選人難以勝出的兩難局面。

對的行事風格

多數領袖明白，要成功，必須具備各種技能。如果一間大公司的執行委員會全數是會計師、資訊人士或純粹業務專才，它的不平衡一眼可知，不可能運作成功。

談到技能，領導者必須懂得平衡與多樣的必要性。但談到行事風格時，許多領袖卻避開多元和平衡，希望統一一致。這無關乎對多樣性的傳統觀點——平衡團隊的性別、年齡、族裔，甚至左右撇子，這些都值得努力，但沒有抓到重點。

許多公司吹噓自己多元化，卻也吹噓自己是跨國性的「一元公司」，價值觀從一而終。換言之，他們的多元化十分膚淺。無論你是什麼年齡、族裔、膚色或宗教，都必須遵從單一的價值觀、信念和做事方式。當所有人的思考行事都得一致時，這家公司就沒有真正的多元性。

面對團隊，領袖也容易犯一樣的錯，很容易找與自己相似的人，因為這樣至少知道怎麼與之合作。看看你用簡單的取捨來挑人會造成什麼狀況，像是內向跟外向、注重細節跟大處著眼：

- **內向者的團隊：**一室寂然。

- **全部外向者的團隊**：比黑猩猩的茶會更加混亂。
- **大處著眼的團隊**：精彩爭論，毫無行動。
- **重細節的團隊**：所有人孜孜不倦地邁向錯誤方向。
- **任務取向的團隊**：成員在追逐成果中遭到踐踏。
- **以人為重的團隊**：一事無成的鄉村俱樂部。

以下是一些關於行事風格更好的取捨方式，供你打造團隊參考：

- 控制與授權。
- 冒險與避險。
- 個人主義與團隊合作。
- 靈活與條理分明。

不妨先思索，你在以上這些以及其他重要的權衡條件上的行事風格，再想想，團隊成員是該與你雷同，還是要互補。

跟不一樣的人共事不容易，這點毋庸置疑，但這也比較有生產力。你為團隊帶進不同的視野與長處，大家甚至能相互學到不同的有效手法。團隊的「正確」平衡沒有單一公式，得由你做出判斷，也因此，領導力是機器人難以複製的一門技藝。

對的價值觀

技能可教，但價值觀教不來；基本上，以價值觀而非技能招募人力，比較容易成功。大都會人壽保險（MetLife）提供了很好的例子，原本它一年聘用五千人擔任業務，超過八成在四年內離開，這對召募訓練時每人要三萬美元的成本來說報酬太低。於是它在一般篩選過程加入樂觀性格測試，發現絕大多數樂觀的員工賣保險成績勝過同儕八十八%。連沒通過一般篩選（但被找來接受樂觀測試）的樂觀者，也比通過篩選的悲觀者多賣了五十七%。最後大都會從善如流，而這樣的結果也複製到房地產、汽車、辦公產品及銀行業。

技能可教，但價值觀教不來。

關於行事風格，應不帶任何批判，因為各種風格各有適用的情境。至於價值觀，則應有所評斷；有的價值觀很好，有的則有毒性。不妨看看以下對比：

- 勤勉或怠惰。
- 誠實或不誠實。
- 樂觀或悲觀。
- 樂於助人或自私自利。
- 直白坦率或充滿心機。
- 可靠或草率。

我們都曾與價值觀不良的老闆或同事共事過，這實在不值得，所以，請清楚區分你重視以及拒絕的價值觀，並依前者找人。一旦知道想找怎樣的人，就得有請到他們的本事。說來容易做來難。如果你在找對的人，八成大家也都在找他們。

他們的現任老闆不會想失去他們，同時外頭還有一堆其他機會。所以，他們憑什麼要來與你共事呢？

清楚區分你重視以及拒絕的價値觀爲何。

說到底，招募人力就是在推銷，是在推銷一個職位、推銷你這個領導者。誠如前述，說服的起步是傾聽。不確定時，就讓對方談他最愛的主題——他自己。世上最美妙的聲音，就是他自己的聲音。縱容他們吧！就算非常痛苦，也請認真傾聽，你將開始了解他們的驅動力、他們希望的職涯下一步、此刻什麼令他們感到困擾，以及他們喜歡跟排斥什麼。這可能很花時間和心力，但對身為老闆的你，絕對是非常值得的投資。他們提供你所需的推銷材料，當你了解他們，即可將此職位包裝成他們期待的模樣，也可將你自己展現成他們期待的模樣。

此時最主要的空頭陷阱是，卡在薪資談判。如果薪資是對方最主要的動力，你可以問問他們是否具備你重視的價值觀，也可問問他們是否有良好的判斷力。我曾碰到畢業新鮮人跟我爭取多五至十%的起薪；這時如果他們問，怎樣能讓薪資提高十倍，則會讓我更刮目相看，因為這就是在談他們期待怎樣的一個職涯發展、自己需要學什麼和做什麼才能獲得成功，而非只是金錢而已。

即便來到職涯中段，高層主管眼前仍有二十年光景，面對要求起薪的應徵者，如何幫他們在短期深有所獲、長期得到成功，要比在起薪拿到特殊待遇要緊。記住，這類特殊待遇往往會流傳到公開領域，導致所有成員展開同樣要求，其結果會造成一團混亂與忿忿不平。

如何激勵團隊？——理論面

前英國首相邱吉爾形容俄羅斯是「包裹在重重謎團中的謎」，他這句話恐怕也是在描述人性。百年來數以萬計的精神科醫師聯合努力，也未能讓人們更快樂或更有動力，只證明我們全都過得比想像中更糟。壓力、低自尊、憂鬱等精神疾病，已來到流行病的程度了。

所有領導者得做的就是解開重重謎團中的謎。領導者必須解決所有精神科醫師解決不了的：找出激勵團隊的方法。這是你讓團隊潛能釋放，交出優異表現的祕訣。小組士氣不振，對你毫無用處。

為了解決這個問題，要探討兩個層面：

- 關於激勵人心的三個實用理論。
- 領導者如何將理論應用於實務（見下一節）。

展開尋覓激勵人心的行程之前，值得花點時間弄清什麼是激勵，以及什麼不是激勵。找對東西，才不會枉費時間和心力。

激勵（motivation）不是鼓舞（inspiration）。有關鼓舞人心的領導力談得太多，這種領袖確實有，但我們大多不是這種人。不過只要能做好不少基本功，就能達到激勵成效；若做得夠好，甚至可以鼓舞人心。但如果目標放在振奮鼓舞，可能會落得像某些穿著白色西裝在臺上揮舞雙臂、將群眾推升至狂喜境界的人士。以同樣的熱情，他們能推銷振奮、保險或宗教。與此相對，**讓人們在演說之後持續保持動力數週、數月以至經年，則是全然不同的技藝形式。**

X型理論與Y型理論

我們先以一個簡單的選擇開始。假設你是個喜歡工作、初露頭角的領導者，全心投入，念茲在茲。再看看周遭的同儕與所有階層同事，如果他們對公司的態度跟你一樣，請選Y；如果你覺得他們基本上並不喜歡工作，會偷懶，對工作疏離，請選X。很顯然，要如何激勵人心，要看你認為他們屬於X型或Y型——你周遭應該兩種類型都有。

先從疏離和自私的X型開始。在完美情境下，你能把他們變成熱切快樂的Y型，不過也許要等到我們死時才能見到那一天。此刻，無論如何我們得應付X型人。傳統的管理方式是嚴密控管，極少放手，成敗有明確獎懲。

認為下屬是X型的老闆依舊很多，這些老闆要求很高，管得很緊。在這種老闆底下也許沒有樂趣，但就是有辦法一路升遷。管理Y型人則不一樣，你能信任他們會全心投入，於是，信賴、授權、託付，取代了管控。

這種對X型和Y型人的探討，源於當代管理學者道格拉斯·麥葛瑞格（Douglas McGregor）於一九六〇年版的《企業的人性面》（*The Human Side of Enterprise*），直到今日，該書仍是描述職場激勵類型的經典。世界已從X型轉向Y型。憤世嫉俗、滿腹懷疑的X型世界，或許最能刻畫十九世紀的血汗工廠。未受教育的勞動大眾因勞力而非腦袋受僱——老闆指揮，勞工出力。有些情況下，勞工反抗，其結果就是從暴君資本家轉為暴君政府。西方世界的勞工漸受教育，於是理論上的Y型愈來愈多，勞工坐在辦公室，用腦筋工作。我們需要的不僅是遵從，而是承諾。我們需要能幹的團隊，以解決當代就業的日益複雜與混亂。

麥葛瑞格把焦點放在勞工身上，但適用於勞工的，也適用於領導者。世界也許從X型轉向Y型，但許多管理者卻仍傾向於X型的管理方式。瞧瞧這兩種管理模式，做出你的決定，同時也決定你會想跟哪一種老闆。

”適用於勞工的，也適用於領導者。

儘管這世界正走向信賴對方的Y型領導，但許多地方卻仍可見到典型的X型管理。在零工經濟（gig economy），處於高壓的送貨司機和倉儲員工發現，當老闆是演算法時，無異即是一名暴君。演算法不關心你和你的健康或家庭狀況，它只關心如何優化你的產能。

許多人本能地傾向較鼓舞士氣的Y型領袖。兩種老闆我都碰過。Y型老闆要求很高，他們或許能包容偶爾犯錯，但整體的期望值很高；X型的老闆可說是刻薄惡劣，但只需要安分守己照辦就是，效忠服從，不問是非。X型要的是遵從，不是承諾；Y型要求承諾，偶爾的不遵從若有助達成目標，則可以接受。

事實上，兩種領導類型都能成功——只要環境適

管理準則	X型管理	Y型管理
權力基礎	正式的權力	權力與尊敬
控制焦點	謹守流程	成果、成就
溝通風格	單向：告知、照做	雙向：告知與傾聽
成功標準	零失誤	達成目標
細節留意程度	高	中等
模糊容忍程度	極低	中等
政治技巧	中等	高
架構傾向	上下階級	人脈網絡

表 2-1：不同的管理類型

合。典型的機械層級組織的組織重視零失誤、實現控制及可預期性，是X型管理者可發揮的舞臺。系統整合公司、保險業、大部分的公部門，都屬於這類。

當需要改變以配合各種難測的客戶和競爭壓力，就需要Y型領袖，像是創意公司、創新機構和專業性的服務企業。Y型領袖在X型的環境無法存活，反之亦然。為此，得找到適合你風格的工作環境。

雙因素理論

麥葛瑞格的XY分法，在美國心理學家赫茲伯格（Frederick Herzberg）的雙因素理論（Two-factor theory，又稱激勵保健理論）得到呼應。後者主張，領導者可運用其一作為激勵手法。請看下列哪種適用於你的公司。

選項一

確保每個人都有應得的職位、頭銜及待遇。按績效給薪，表現優異則加給。透過工作時數、假期、彈性工時、考量到家庭的工作政策平衡員工生活。這是典型的理性管理。公部門的工會組織就喜歡與雇主討論這類題目。

然而，這個選項的問題是，它沒完沒了。當某人獲得加薪與獎金，就想縮短工時。赫茲伯格稱這些為「保健因素」。實際上它們不僅沒什麼激勵作用，甚至會有反效果。差勁的薪資與條件令人喪氣，好的薪資與條件也不足以激發出色表現。

儘管如此，很多公司仍以薪資獎金取代管理或激勵。薪資討論聽來非常有管理味道：高層主管圍坐討論員工（就像管理者該做的）和績效（就像管理者該做的），決定（就像管理者該做的）金錢數字（非常管理性質）。針對獎金制汗流浹背地殊死鬥了幾小時後，他們成功地惹惱所有人。給優秀的交易員或基金經理十萬英鎊的獎金，他們可能立刻辭職（在錢匯入帳戶之後），因為他們發現有人拿到十二萬的獎金。站在公司的角度，獎金（至少理論上）是衡量一個人的貢獻價值。然而站在員工的角度，卻是自己與同儕的相對比較。誰都不喜歡聽到自己的重要性不如人，尤其，當這些人是像交易員或基金經理人那樣擁有龐大的自我意識。

”誰都不喜歡聽到自己的重要性不如人。

選項二

這是關注在工作帶來的內在回報、認可及價值，打造社群意識與歸屬感。這可以激發傑出成果，代價卻十分低廉。例如：軍隊、教職、學術研究等許多職業即便薪水很低，卻能吸引卓越人才，締造斐然成就。一些最頂尖、最聰明的畢業新鮮人就選擇拿低薪為政治人物做研究，或是到亮麗的國際拍賣公司工作。

選擇哪一種，成為當前有關壓力、保護員工、法規的討論核心。眾所公認，法規應保障員工免於職場的嚴酷待遇。彈性工時、友善家庭的政策、較短的工作日數，都是其中一環，沒什麼人打算扭轉這股態勢。公部門在工作時數、彈性工時、友善家庭方面寫下最佳典範，卻也飽受出缺比例、病假、壓力訴願最高之苦。鎖定第一種選項或許重要，但就公部門來說，顯然不足以激勵員工。

相對地，很多人十分樂於追求看似壓力頗大的工作。當代各項專業，例如：從會計到法律，顧問到金融，都讓新人走過血汗的學徒階段，職務的高要求也讓他們應接不暇。這是典型的選項二職涯：工時或許非人道、需求或許極端，機會卻也相對較大。當人們看見自己對公司有所貢獻，前途可期，未來多少在自己手中時，辦公室沒有有機咖啡吧就根本無所謂了。

> **”創造歸屬感、機會及肯定。**

但若將人擺在被圍困的組織（絕大多數的公部門）裡，職涯發展有限、沒什麼自主權，激勵的唯一管道基本上就是選項一的那種賄賂手法：給更多錢、更輕鬆的條件。然而，這是罷工與衝突的溫床。

對領導者而言，這兩種選項的對立很關鍵。簡單辦法是走選項一：多給錢，條件優惠，但激勵保鮮期在錢入帳戶之後即過。比較難、激勵時效也比較長的，是選項二：提供有意義的工作，創造歸屬感、機會及肯定，比較能產生激勵成效。諷世者會說，這樣你可以堂皇地剝削員工，以微薄報酬讓他們做更多。

位居中階主管，你無法改變選項一，而是得充分運用組織給你的資源。所以，請善用選項二的一些激勵技巧。

馬斯洛的需求層次理論

人生微妙，絕非丟銅板決定X或Y即可。不同的人在不同階段，各有不同的需求。我很年輕就學到需求如何轉變。當時我想到印度尋求開悟，抵達阿富汗時，口袋已空空如也。那時還沒有手機或信用卡為魯莽揮霍的人提供依靠。我對開悟的興趣頓時消散，對金錢的興趣立刻升高。於是我賣血給當地人，保留了靈魂；我有了錢，沒有開悟，為此十分感謝。

對於成功富有的人來說，生存理所當然；當中很多人藉著收藏藝術品、捐贈給慈善團體、讓自己留名於學院建築系所，尋求不朽。至於其他多數人的多數時候，則處於其間：想要獲得酬勞，也希望歸屬於有意義之事，期盼自己的作為得到肯定。

教學優先：激勵人心的工作機會

乍看之下，「教學優先」恐怕是最不受頂尖畢業新鮮人青睞的工作機會。你得先在英國最具挑戰性的學校執教兩年，並面對處境最困難的某些孩童。同時要接受六週訓練，表示一畢業後完全沒有假期且薪水大約是頂尖顧問公司的一半。「教學優先」沒有大企業的威望，它是新創公司，沒人聽過；是慈善事業，預算很少。

然而第一年，超過五％的劍橋牛津及帝國理工學院應屆畢業新鮮人提出申請。當時，這些學校的畢業新鮮人都尚未在目標學校教書。二〇一四年起，「教學優先」已成為英國第一大的畢業新鮮人雇主，離退率很低，新教師都充滿熱情，儘管每天面臨著龐大的挑戰與壓力。

為什麼前景看好的畢業新鮮人會被這種不被看好的機會所吸引，寧願放棄更好薪資？即使看清在這些學校教學難度很高，為什麼他們仍覺得渾身是勁？

好消息是，有些畢業新鮮人充滿強烈的社會使命，「教學優先」讓他們有機會做出有意義的貢獻。但這還不夠，他們或許有心，但也會思考。「教學優先」旨在培養未來的領袖，比起坐在桌前瞪著電腦，這份工作讓他們有更多機會體驗核心領導技能，諸如激勵、發揮影響力、解決衝突與度過逆境。交易債券或撰寫報告也許賺錢，但兩年之後，能接下領導重責的是「教學優先」出來的人才，而不是被綁在電腦前的那些高薪苦力。

為使這項承諾可信，顧問界、投資銀行、律師業許多頂尖的招募公司都支持「教學優先」。進來者沒有優渥報酬或很多假期，他們在赫茲伯格的選項一上——錢多、工時輕鬆，簡直不堪一提，但他們在選項二非常亮眼：工作很有意義，前景非常明確，獲得高度肯定，擁有極高的責任與自主權。選項二對雇主與僱員都是艱辛挑戰，但同時成果也可能更為輝煌。

這一切也許顯而易見，所以在發現這見證了美國心理學家馬斯洛（Abraham H. Maslow）的需求層次理論（見圖2-1）時，頗使人耳目一新。

馬斯洛認為，人們都是「需求迷」，渴望攀爬到不朽的需求梯。現在，讓我們跟著他一起逐步上去，將他的語彙轉成領導者的話語。

- 生理需求就馬斯洛而言，是食物和水這類東西，如果缺少這些，我們就會飢渴交迫。職場上，薪資與條件就是食物與水。
- 安全是一種安全感，既來自雇主，也來自你有勝任的把握。最壞情況，可到其他地方施展身手。
- 「愛」在職場有危險，別去愛員工，只要確保讓他們有歸屬感、獲得信賴與尊重。最起碼程度，領導者要正面關切部屬的職涯與生活。
- 尊重是肯定與獎勵員工。俗語說得好：「公開表揚，私下鞭策。」領導者的表揚跟批評要做到十比一。有時看似很難，但當你認真一看，值得讚賞感謝之處其實很多。說「謝謝你」很容易，聽者深為受用，卻太少出口。請好好善用。

・自我實現關乎成就——成為有意義、受肯定的一則傳奇。

如果要領導者說出馬斯洛需求理論的每個層級，他可能說不上來，但高效領導者直覺就懂，且身體力行。我們將此模型轉至職場現實，請見圖2-2。

人人都有渴望爭取更多的事物，人人都有

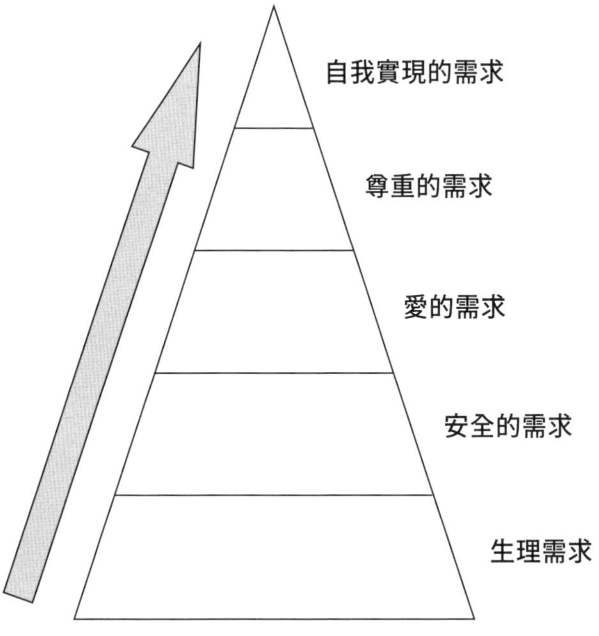

圖 2-1：馬斯洛的需求層次理論（馬斯洛，1943，〈人類動機理論〉，《心理學評論》〔*Psychological Review*〕50〔4〕, 370-96。此內容屬公眾領域。）

恐懼擔憂。我們害怕專案失敗、害怕廠商或員工讓我們失望，有時則害怕丟掉工作、害怕在升遷之路落後他人——總有令人害怕之事。

然而，也總有什麼讓我們夢寐以求。可能很多人夢想成為億萬富翁、金像獎得主、運動明星或太空人，希望全部同時到手，但這些都很困難。在想要的東西跟必須付出的代價與風險之間，我們不斷取

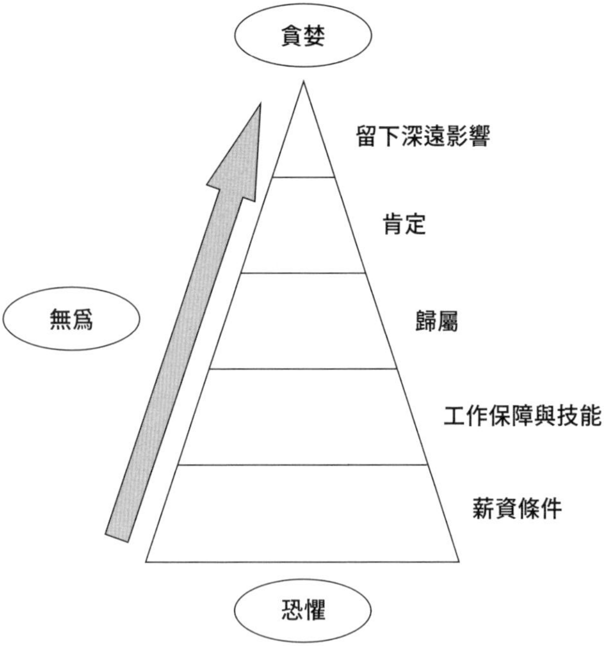

圖 2-2：根據馬斯洛的需求層次，修改爲領導力版本的需求層次

捨。我們趨避風險（害怕失敗），希望事情能更簡單，而非更困難。

總有什麼讓我們夢寐以求。

有些領袖最常採用恐懼手段，這種領導者會強調負面：「假如你不……」或「你要是出錯你就完了。」短時間內這非常有效，但最終會讓員工筋疲力盡、壓力太大，轉身走人。另一方面，這些領導者繳出的績效，恐怕是以踏著他們摧毀的職場屍首的方式，邁向更高。

有些領袖喜歡利用貪婪。貪婪不止於金錢，還包括自我、肯定、不朽。榮獲某個以你命名的博物館或教授職位，這安撫了貪婪心，但只是暫時的。即便來到職涯頂端，總會想要更多更多。大多數的執行長不滿足於只是維持前任留下來的成就，他們要留下屬於自己的傳奇，渴望更多認可和影響力。如此下去，災難難逃。貪求偉大，會使人疏於善盡職責。

最後，身為領導者你可採取兩種無為方式。第一，別讓屬下的日子難過。清楚說明你要什麼、往哪裡去、團隊能如何達成。給出架構與指引，避免讓他們浪費力氣。提供協助，移開政治阻力，協同其他部門共同努力。推動團隊邁向成功。第二，別干擾他們做事，別管太多。有了架構，放手授權，任其自主。團隊好做事，你也更輕鬆。放手很難，卻是一門必要藝術。

「走動式管理」（management by walking around，簡稱MBWA）是一種流行的良好領導模式。可以說，其反面也有其必要性：走開管理，不過這對領導者相當挑戰。你帶著團隊做事，難免想監督狀況——不斷想拔起種子看其成長。放手吧！可以隨時準備幫忙，但別出手干預。最後成果可能不盡如你預期，但這可能會更好。你的不插手，顯示你對團隊的信任，而他們會因此感到激勵，全力以赴，在自己嘗試而非麻木遵從你的每個指令之下，學到更多。

馬斯洛理論或許有點複雜。實務上，領導者不可能時時評估手下處於愛的階段還是自我實現，更別說據以行動。在董事會問哪些董事正處於愛的層次會令人大吃一驚，此舉實在不妥也不可行。所以，最簡單的方法是記住三件事：恐懼，貪婪，無為。

”善用人的希望，善用人的擔憂。

善用人的希望，善用人的擔憂——人道的領導者努力避免風險與擔憂，不人道的領導者樂於助長恐懼。最後，善用無為。讓他人好做事，只給出清晰架構及方向；讓自己好做事——別管太多。恐懼、貪婪與無為，可以激勵屬下，也能讓他們接受你的想法。當你的想法激起他們的希望，卸下了某種擔心，讓他們說「好」很容易時，他們幾乎就會說「好」了。

事實上，領導者不見得理解或在乎理論，他們就只是身體力行。

如何激勵團隊？

一、展現你對每位成員的關心，也關心他們的職涯發展：花時間了解他們的希望、擔憂和夢想。茶水間閒聊是認識他們的最佳途徑，而不是透過正式的會議。

二、說謝謝：我們都渴望得到認可，希望知道自己做了一件有價值的事，而且做得很好。所以請真誠讚美傑出的表現，且要具體明確，不要來那種虛應的表面官腔（「哇，你那封郵件打得真好」）。

三、絕對別貶低成員：若要批評，請私下進行，且有建設性。別當部屬是小孩一樣教訓，當他們是共同合作向前的夥伴。

四、妥善分工：分派能讓屬下成長的工作。沒錯，有些例行雜事得交派，但也要分出一些有意思的任務。清楚表明你的期望，不要前後不一。

五、願景清晰：讓大家知道前進方向，團隊成員各自能做何種貢獻。對每個人有明確前景，知道他們的發展目標與途徑。

六、**信賴團隊：**別過度管理，敢於實踐「走動式管理」原則。

七、**誠實：**意指能與表現不佳的屬下展開困難但積極的對話。別隱藏事實或刻意淡化。唯有誠實才會帶來信賴與尊敬。

八、**設定清楚的期待：**對於升遷標準、獎金及每項工作的要求和成果，要清楚說明。要先假設自己容易被誤解，因為人們只聽得進自己想聽的，所以要簡單扼要，不斷重複，且前後一致。

九、**不要講太多：**你有兩個耳朵一張嘴，就以這個比例運用它們。傾聽比說話多一倍，就能發現真相，了解屬下的動力，也就可以據此行動。

十、**別試著當朋友：**受尊敬比被喜歡更重要，信賴能長久，受歡迎則變幻莫測，並造成不可靠的妥協。當屬下信賴且尊敬你，自然想為你做事。

如何激勵團隊？——實務面

激勵學理論冗長但人生短促，所以在實務上，到底該如何激勵團隊呢？隨著遠距工作與混合工作模式的來臨，這項挑戰更加嚴峻。當面激勵員工已經夠難，激勵看不見、聽不到的員工更不用說。第一個想出怎麼用電子郵件激勵屬下的人能致富，但想靠這致富卻不是件容易的事。

激勵他人保持動機很重要。在我們對一千多位現任及未來領袖進行的調查中，發現領導者與屬下皆認為，激勵是優秀領導者最重要的技能。好消息是，七成以上的領導者自認頗擅長此道；但壞消息是，同意此點的屬下只有三十七%。由此可見，領導者與屬下對於激勵認知的差距極大，而這是你的大好機會。**如果你能激勵屬下，就能領先群倫，備受屬下敬重。**

接著，我們進一步調查大家對激勵的期望，並檢視某些特定場合的處理手法。我們詢問員工，怎樣的領導者曾激勵他們？怎樣的領導者無法激勵他們？以下是他們期待的領導者：

- 領導者在乎我跟我的職涯發展。
- 我信賴上司：他／她坦誠待我。
- 我知道團隊努力的方向與方法。
- 我的工作很有意義。
- 我的投入得到認可。

我們將快速一一檢視，但先讓我們看看不在其中的元素：

- **金錢**：若被提及，員工會把它當作去激勵因素（demotivator）而非激勵因子。錢沒給對，表示你沒實現承諾、不值得信賴，或是你沒看重這名員工。無論哪種情況，都破壞了信任，從而失去領導者的威信。
- **家庭友善工時**、**較短工時**、**彈性工時**、**其他設施**：這些因子根本沒被提及。有心邁向領導職責的人都有犧牲小我的準備，也擅於分配各個生活面向。在專業場合他們不談私人問題，若有疑慮大多會藏在心裡，直到決定離去。

再回頭看看前述這份屬下對於領導者在激勵上的期待。非常簡單，領導不用學什麼黑魔法，只要把屬下當成一般人關心，他們就會有所回應。

領導者在乎我跟我的職涯發展

階級關係並不平等，你對屬下的重要性勝過他們之於你。他們的工作與生計仰賴著你，反之，你對屬下的依賴只有部分或間接程度。這表示你可能更專注於管理自己的上司，沒那麼在意向下管理。多數人對上司的認識，超越對屬下的認識。

身為屬下，當上司顯然不在意你的職涯發展時，很令人沮喪。你明白自己不過是他們職涯一顆用過即棄的棋子。不在乎你職涯發展的領導者，如何投以信賴？

一般說來，領導者與屬下之間有種隱形的心理契約，其重要程度遠甚於職務說明。這個心理契約是什麼？是屬下將盡力支援領導者，領導者則將負責屬下的薪資、升遷和任務。若領導者不願或無法執行其角色，屬下就不會想要追隨。

有些領導者讓這樣的契約一目瞭然，相對地他們要求絕對效忠，進而打造出個人領地。在升遷、獎金的內部會議，他們竭盡所能為屬下爭取他們曾答應給的，但結果可能會失衡：一個擁有自己團隊的權勢大亨浮現，自顧自地按他們的規則行事。領導者如此照顧、團隊竭誠效忠，結果變成某種邪教：目光向內，需索無度，與組織內的其他成員涇渭分明。

”較之於人緣，信任與尊敬更有分量。

身為領導者，表現你關心成員的最簡單方式，是採用那重要且為人熟知的工具：傾聽。理解他們的希望及憂慮、做得到與做不到的、喜歡的工作方式、想要達成的目標。然後，你可以基於對其個人以及需求的理解，與他們討論任務分派、績效和期待。如此你可順利達成一個重要轉化：從管理任務晉升到管理團隊。身為帶頭者，常以為管理任務等同於管理團隊，但實際上，兩者截然不同。

關懷屬下並非討好或示弱。若你真正關心他們，會及早開啟關於期待（工作量、獎金、升遷等）與績效的困難對話。愈早展開愈容易有建設性，也愈能找出可行方法。這樣的對話也許無助提升你的人緣，卻能大幅強化屬下對你的信任與尊敬。

總之，花時間傾聽和理解所有成員，你將遙遙領先許多同儕。如此一來，在人們眼中，你將會是個值得追隨的好領袖。

我信賴上司：他／她坦誠待我

「誠實」跟「商業」很少同時出現在媒體，但所有我訪問過的領袖，他們都很強調誠實的重要性，包括投資銀行業。這非關榮譽、道德、善待地球，而是更為嚴肅且實際。

屬下想知道自己的立足點。假如他們辛勤工作一年，自認做得不錯，但是當上司在年終考核給出令人失望的考績，必然無法接受——這主管不誠實。所謂不誠實不是撒謊，是沒有及時說出全部的真相，即便真相令人不安。這是會讓某些政客忐忑的誠信考驗。

誠實最終關乎到信任，當你不信任某人時，就很難在他們的手下做事了。

”信任需要雙方共同付出努力。

信任需要雙方共同付出努力，談到激勵更是如此。只有你信任上司還不夠，你的上司也必須信任你。信任屬下的領導者，能把最重要最艱鉅的任務交給你，並放手讓你自主。專業人士大都痛恨微型管理（micro-managed），而辦公室卻是喜愛緊迫盯人的領導者的天堂，他們會隨意干預（表面上稱為「幫忙」）。不過，混合工作模式讓這些領導者很難這麼做。在新的工作模式，領導者得接受「信任」需要雙方共同付出努力，他們得交付更多任務、要更信賴團隊。這做法實際上很棒。信賴團隊、給予自主權，非常激勵人心，大多數的專業人士都因此樂於擁抱挑戰。

我知道團隊的努力方向與方法

有時這被稱為「願景」，但願景太宏偉，聽來像是摩西（Moses）、馬丁．路德．金恩博士與甘地的綜合體。實際上這點要簡單得多，願景是IPA裡的構想被包裝成故事，是你要團隊接下來三個月的專案要完成什麼的簡單描述。讓團隊知道他們各自在接下來的時間得提升哪些地方，能展開哪些實際行動以提升這些技能。

向屬下展示接下來一到三年的經營藍圖，只要做好這些，就是給予屬下他們所需的明確性、架構及方向。換句話說，如果團隊不知道前進方向或如何走到那裡，他們很快就會非常沮喪。

我的工作很有意義

不是每個人一直都能做令人興奮的重要事情。有些工作無聊繁瑣、壓力大或無趣，但還是得做，例如，修鞋子恐怕就沒那麼有趣。到一間修鞋店，景象很少光彩亮眼，有些不過比牆上挖洞好一些。員工薪酬怎麼看都只是普通，是銀行家的小零頭，但提姆森（John Timpson）的修鞋連鎖店卻有辦法打造出一群忠實員工，同時他也被公認是相當優秀的領導者。他的眾多作為之一，就是強調顧客滿意度，並經常表揚傑出的服務——他的車上永遠備有一堆獎品。他做到獎勵員工十倍於批評。員工專注於帶給顧客滿足，每個開心的客人都證明了他們的付出值得。

在投資銀行業，檢查文件有太多繁瑣工作，但當你知道萬一弄錯會毀了一筆十億英鎊的交易，無聊感就會立即煙消雲散。聯邦快遞曾推行「黃金包裹」的想法，強調每個包裹都可能裝著能永遠改善收件人生活的東西，霎時充滿刻骨的目的和意義，確保了所有包裹都能準時抵達。由此可見，打造對的情境，乏味的事物也能充滿意義。

我的投入得到認可

簡單說，如果你的努力從未得到認可，當然會感到相當沮喪，且恐怕再也不想多盡點力，所以要肯定團隊成員的成果。有些領導者總要搶走團隊成就的光環，與此同時，萬一出錯了，他們也是第一個跳出來指責他人的上司。

能幹的領導者有足夠自信去肯定團隊的成果。為何肯定表現很有效？因為：

- 證明了這位領導者打造了一支堅強有效能的團隊。
- 可激勵整個團隊。

肯定成員最簡單的辦法，是當他們前來報告好消息時，停下來專心聆聽。要他們說明經過、回顧如何辦到，讓他們重新享受過程。花一點這樣的時間，是對屬下的推崇，且對於領導力也很有效果。在這分秒必爭的世界，很容易把好消息視為理所當然，趕著去處理電腦上其他的緊急郵件。停下來傾聽，表示你關心，你可能也會從中獲得寶貴的資訊。

更多正式的認可有多種形式，例如：可以是簡單到在執行長面前的精心美言、花時間直接對成員或團隊說聲真心的謝謝，或者這樣的肯定也可以是獎品、內部通訊裡的一則表揚，或一個慶功宴。切記，加薪往往效果最差，因為在絕大多數的組織，這是祕而不宣的訊息。

妥善分工

在一天之中，真正能很有成效工作的時間有幾個小時？根據美國勞工統計局（American Bureau of Labor Statistics）估計，一般上班族每天有生產力的時間為兩小時五十三分鐘——這可能還高估了，他們假定一切會議都很有效率。作為員工，不管我們待在辦公室的時間多久或效率如何，我們的生產力都有其限度。

然而，身為領導者，產能可以無上限。你一天能工作遠不止二十四小時，因為只要你打造的團隊夠好，他們一天就可以共同繳出數千個工時。你的工作不是親力親為，而是確保團隊能完成目標。這表示你需要對的團隊，也需要分工給他們。

當然，你有很多理由不交付工作出去。我常聽見的理由包括：

- 我自己做得比較好。
- 我來比較快。
- 這件事太重要。

- 只有我有這方面的技能。

這些理由需要翻譯，而以下是團隊真正聽到的：

- 我自己做得比較好：我不信任團隊能做好。
- 我來比較快：我不信任團隊能迅速做好。
- 這件事太重要：我完全不信任團隊能處理。
- 只有我有這方面的技能：我不信任團隊有處理能力。

「差勁的分工」代表「不信任自己團隊的差勁領導者」。團隊差，怪誰？領導者偶爾也該照照鏡子。**假如你不信賴團隊，這團隊就是不對的。假如你不分工給他們，他們就知道你不信任他們，團隊士氣會因此驟降。**愈不分工，他們愈難學習成長，從而形成惡性循環——他們欠缺技能所以你不能分工，你不分工所以他們缺乏技能。以下是應該分工的道理：

- 你能專注於你最能加分之處。

- 團隊能學習成長，成為更棒的團隊。
- 團隊也許能提出比你所想更棒的解決方案。
- 你創造了一天更多的工時，且夜晚可以好好睡覺。
- 你信賴的表現，能激勵團隊士氣。

一般來說，分工的藝術包含兩個層面：什麼事情該分工，以及如何分工。

什麼事情該分工？

假如你問：「我能分工的有什麼？」恐怕寥寥可數。你應該問：「哪些事情無論在任何情況下都不能分工？」這能幫你弄清楚兩件事。第一，可以界定你最能加分之處，以及你真正的職責為何，使你更能聚焦於重點。第二，讓你可以交派其他的一切。誠如前述，領導者不能交派授權的事項非常少，幾乎只有考核、爭取預算、聘僱解僱。另外，必要時也要挺身政治干預，保護拉拔團隊。

好的分工上天堂，壞的分工下地獄

天堂組

阿吉是我見過最閒的領導者之一，卻也非常成功，眾人都想與他共事。這對其他同儕形成很大壓力，他們又忙又累，成果卻沒那麼亮眼，也沒那麼多人想跟隨。

「幾乎凡事分工」是他的祕密武器。他深知自己最能加分之處：業務他很在行，也很會爭取適當的預算與資源。所以，一旦拿到客戶、專案、預算，就會讓團隊接手，且幾乎不會過問。他對屬下的信心讓團隊相當振奮，更加努力締造佳績，過程中不斷學習成長。其結果，客戶獲得優異服務，阿吉拿到他的獎金，皆大歡喜。

地獄組

卡崔娜自認是優秀的經理和領導者。她自視甚高，認為沒人能符合她的標準。無論是誰，到她手下都無法做到及格，包括加入前或離開後表現非常優異的人。由於不信任，她幾乎不分工，甚至控制影印機的使用。當她難得分工時，交出去的總是一堆例行雜務（要交的標準報告）跟偶爾的醫院通行證——一個嚴重走偏、勢必失敗、導致你躺進職涯醫院的案子。也因為如此，她非常善於怪罪他人。

她交派任務時，總要嚴密管控。她知道好的經理人應該要掌握大局，而這對她來說等於不斷的報告，伴隨不時的調整方向。專業上讓她頭痛的煩惱之一，就是要找到優秀的成員愈來愈難，而她將此怪罪於人資部門能力不足。

”出問題時，別怪罪他人。

只有一個東西不要分工：出問題時別怪罪他人，除非是想打造交相指責、勾心鬥角、背後暗算的團隊文化。別老怪罪於人，先努力了解，不要妄自批評。了解問題及原因，繼續向前。怪罪他人是意圖改變過去的印象，而了解問題則是建構更好的未來。把重要任務分派給經驗不如你的人，會緊張是理所當然，但想想自己的成長路途，也曾接下讓你進步的挑戰。面對挑戰，多數成員都會擁抱這個發光的機會。只要給予充分的支持，他們會熱烈地接下挑戰。

勇敢點，舉棋不定時，就分工出去。

如何分工？

分工與設定目標息息相關，這兩者都是重要的領導力技能。理論上很簡單，叫人該做什麼，何難之有？實際上卻很容易搞砸，要做好很難，而現今的混合工作模式又雪上加霜。在辦公室，分工與目標設定往往很不正式，雙方僅透過一連串交談了解所需，例如：報告或長或短、該涵蓋的重點、需要事前核准與否、需要對象及目的、應附帶圖表與否？解釋該做「什麼」很容易，說明「理由」與背景則很難。

「什麼」可用郵件溝通，背景則通常出現在對話中，這會是一個發掘的過程。

隨著報告進行，不斷出現新的發現，比如：新的資訊進來，你得決定何時、哪裡要重新對焦。要在混合工作模式的世界複製這種過程難上加難，在實體辦公室進行的兩分鐘交談，要複製實在很難。好的分工要能回答你在擬定計畫時那套記者式的問題：什麼（What）、何時（When）、為何（Why）、誰（Who）、如何（How）。

以下是詳細說明：

- **什麼**：目標是什麼？怎麼知道我們已經達標？
- **何時**：需要進度更新的時機、頻率如何？在軌道上的關鍵里程碑以及核對點是什麼？
- **為何**：何以重要？對誰重要？給團隊一些理由，讓他們理解挑戰何在，安排優先順序。
- **誰**：團隊包括哪些成員？各自扮演何種角色？誰迫切需要這個，我們要為他們解決什麼問題？
- **如何**：我們如何著手？如何應付重大挑戰和取捨？讓團隊提出疑慮，研究克服之道。分工應該是相互對話，而非命令。

這並不難懂，但經理人很容易只告訴屬下「做什麼」就轉身走人。記住，團隊成員沒有特異功能，他們不知道你知曉的整個理由背景、不知道你希望如何完成這項任務，可能也不完全理解你所想要的。為此，務必投入時間，確保他們真正明白你的期望——避免誤解，才能避免之後的錯誤和時間浪費。

”務必投入時間，確保他們眞正明白你的期望。

另外，在確認團隊是否理解你的期望時，不能只是問：「你懂嗎？」含混的一聲「懂」，往往代表「不大懂」。判斷是否真的懂有兩項指標，第一，是他們用自己的話語複述你的提問，如果他們有所誤解，這裡就看得出來。第二，是他們開始問你要做什麼、怎麼做、為什麼該做。這代表他們有聽有懂，即便還沒完全同意。這種積極回應，比他們不說也不做的消極回應好——這通常表示他們不同意或不理解，而不管是哪種，他們都不打算把心裡話告訴你。

提升團隊績效的教練式指導

教練式指導（coaching）有別於非正式回饋。非正式回饋是一般上司對下屬的互動：先是批評然後給予支持。教練式指導則是著眼於長期改進的長途旅程。

這樣的指導並非只有教練可執行，所有優秀領導者都需要帶出團隊的最大潛力，而這需要結合正式與非正式的回饋、指點和指導。教練式指導的本質，是讓某人走過挑戰、找出方案，身體力行，而不是直接給出答案或回饋。人在自己找出解決方案時會更有動機、更可能具體實踐，從中成長的機會也會更高。

> **教練式指導的本質是讓某人走過挑戰、找出方案、身體力行，而不是直接給出答案或回饋。**

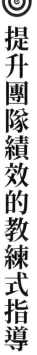

我們可以把指導想成是一場事件和一趟旅程。事件發生於屬下前來尋求援助，旅程則是指幫助該屬下在一年或更久的時間成長。指導事件是教練旅程中的一環，這樣的指導事件可簡化為五個O：

- 目標（objective）
- 概觀全局（overview）
- 選項（options）
- 阻礙（obstacles）
- 結果（outcomes）

這五個O為高效教練式指導對談，提供了簡單明瞭的架構。把它們想成一連串紅綠燈，請全都設在紅燈，直到你們確實依序走完每個步驟。轉為綠燈前，別從這個O跑到下一個O。這能讓你們的談話有條有理，也讓它順其自然。以下我們依序詳細說明：

- **目標**：想達成什麼要非常明確。若希望某人以特定方法做事，別嘗試要他們看透你的心思，請直接清楚地告訴他們。釐清你們要解決的問題非常重要。當眼前出現問題的某些表象時，請努力挖掘根本原因，而不是費心處理表象。不解決根源只處理症狀，就像拿抗痘凝膠對付孩子的麻疹一樣無效。

- **概觀全局：**讓屬下以自己的觀點陳述狀況。即便不夠全面，他們仍希望能被尊重、被聽見。接著請他們從其他成員的角度看待同一事件。假如他們抱怨其他部門或某人的行徑，鼓勵他們探討他人如何看待。隨著擴大思考層面，你們對問題會有更好的理解，也可能從中鼓舞了他們找出解決的途徑。
- **選項：**鼓勵對方探索各種選項。避免「聽我的就對了」的毛病，這經常會導致衝突而非進展。避免討論誰是誰非，如此只是回頭看而非往前。協助他們放眼未來，即便未來看似慘淡，但往往仍有一兩件事做了能夠前進、在晃動中稍稍站穩。探索選項是關於可能性的藝術，不在研究何事不可為。當對方打開不同的可能性時，通常就會看到一條最可行的道路浮現，或許你早已想到，但請讓他們自己去發現，讓他們獲得擁有權。
- **阻礙：**這是事實檢視。同意要採取的行動之前，提出一個簡單問題：「什麼可能會成為阻礙？」你不希望某人滿腔熱血地跑上去，但隨即被第一個碰到的障礙撞飛。所以，請幫他們趁早認清、預備、應付種種挑戰。

- **結果：**要求對方摘要此次的結果，這其中應包括：他們有何收穫，以及將展開哪些行動。其目的在於確認對方是否理解，以及把重點銘刻在雙方心中。

以上這些都不是很困難的事情。要能進行教練式指導會談，不必跑去參加什麼五天課程，或從某間自以為是的機構獲得認證，只需知道如何與對方展開明智且有架構的對話即可。

5O模型讓你的指導會談有了簡單框架，而在展開對話時，記得另一個O：開放式問題（open questions）。作為教練，目標不在提出答案而是協助對方自行找出答案。說不定，他們甚至會找到比你原先想到更高明的解決方案。

知道如何與對方展開明智且有架構的對話。

在第一章討論說服時，我們看過開放式相對於封閉式提問的重要，它們在教練式指導這裡也同樣重要。開放式問題不會出現「是／不是」的答案，而是會迫使對方拿出更完整、更經思索的回答。與此相對，封閉式問題則引出「是／不是」的答覆，然後迅速結束交談。

好教練的最後一項祕訣，我們已經碰過幾回，那也是教練跟一流領袖、頂尖業務們分享的祕密武器：他們都有兩個耳朵和一張嘴，也全都以這個比例運用：**聽得愈多，你做好的機會愈高。**

教練式指導旅程

大多數教練式指導模型失敗的原因，是它們只

開放式問題	封閉式問題
他們的反應是什麼？	他們反對嗎？
他們期望什麼？	那是他們的期望嗎？
業務會議進行得如何？	客戶同意我們的提案嗎？
案子進行得如何？	完成那個案子了嗎？

從失敗走向成功的指導

克里斯這名年輕打者前途看好，大家都說他很有機會進入英國國家隊。為了提高機會，他虛心請教隊中前輩，眾人也都樂意幫忙。每人各自教他該如何握棒、站位、移動、處理各式投球、仔細解讀投手。但是，聽得愈多，他的表現愈差。不僅進入國家隊的機會渺茫，連保住地方隊伍中的位置都岌岌可危。眼看他的職涯逐步接近終點。

隊中一名投手拉維完全看在眼裡。拉維完全不擅長揮棒，但仍決定拔刀相助。克里斯心中一沉，心想局面想必愈來愈慘。拉維告訴克里斯的第一件事，是忘掉前輩們的所有建議。「他們不是教你怎麼揮好棒，而是告訴你他們的技巧。他們各有各的手法，給你的建議就相互衝突。難怪你揮棒像個舉棋不定的馬戲團軟骨藝人。」

克里斯心中一亮。前輩打者們完全沒給予指導，他們全都以為自己的揮棒技巧是唯一方法。他們不了解，不同的打者可以用不同的打法嶄露頭角。接下來幾週，拉維協助克里斯重新找到自己的強項，繼續加強。拉維的打擊很差，所以他沒有提出任何技術建言，而是任憑克里斯自己去發現最好的手法。該賽季剩餘時間，克里斯逐漸踩穩腳步，成為英國國家隊一員的夢想再度不遠。

作為領導者，我們得認清自己成功的途徑並非唯一。條條大路通羅馬，讓屬下找出適合自己之路，不要強加你的方法在他們的身上。

為單次指導樹立架構。這也許能幫助你指導某人度過特定難關，但這樣是不夠的。身為領導者，如果你的時間只用來幫屬下解決眼前的問題，會碰上幾個麻煩：

- 你的教練式指導變成解決隨機問題的隨機應變。
- 屬下的思維、表現或行為沒有系統性的進展。
- 屬下愈來愈依賴你，沒學會自己化解問題。
- 你成天被動應變，難以主動出擊。

成功的教練式指導關係的基礎，是有開始、中間、結尾的結構化旅程。開始指導部屬之前，要先跟對方達成共識，包括：他們想要什麼，以及必須達成什麼。唯有雙方都知道他們的起點（他們的需求和機會）及他們要邁向何方（他們在這一年準備如何改進），共識才能達成。

一旦設立了清晰的目標，你的指導就有了目的和方向，你可能也會因此加以判斷，是否其他人更適合提供指導。假設目標是協助某人理解和懂得管理組織政治，而你本身不擅此道，就可另請高明指導部屬。

當你們都同意這趟旅程的目標，每次會晤的目標就簡單明瞭。一般而言，每次教練式指導的目標有三：

一、**解決部屬的當務之急：**雖然你們訂定整年的大目標，且部屬當下的問題與此不甚相關，仍應讓部屬提出來。長程目標或許重要，短期挑戰卻是緊急的，兩者都要應付。

二、**就整年目標評估進展：**鼓勵對方審視你要幫助他們加強技巧的應用場合，讓他們自己從這些場合的表現中學到教訓。

三、**評估上次之後，他們哪些地方做得很好，哪些地方不盡理想，兩者的原因**

又是什麼：第三個討論的目的，是協助對方自我指導。大多數有問題的教練式指導模式都是缺點模式——聚焦在不足之處。作為領導者，應希望部屬看見自己哪裡表現好、擅長什麼、如何專注於強項，也希望他們對自己的表現與方法有自知之明，方能指導自己。

大多數的教練式指導模型只涵蓋上述的第一種討論；至於第二種和第三種，則突顯出領導者有別於專業教練的指導模式。較之於傳統指導模式，這讓你能更正面、更主動地協助屬下強化優點。

談到這裡，不斷擴大的專業教練們要憤怒咆哮與抗議了。他們會堅持說，只有公正獨立者才會是高效的教練，但在我看來，這完全是自利的廢話。優秀的領導者也必須是優秀的教練。**好的教練式指導有助屬下展露最大潛能，也能增進每位屬下對你的信賴與信心。**透過教練式指導，證明了你真心想提升團隊成員的能力，而對方因此產生的忠誠與投入，價值連城。

績效管理

績效管理遇上了麻煩。自二〇一五年來，包括奇異（GE）、埃森哲（Accenture）、GAP、信諾（CIGNA）在內，超過三十家大企業都揚棄了員工績效排名。這些企業發現，績效管理系統未能管理績效，只能進行追蹤。年度考核系統被打破，九成以上的主管與員工對其表示厭惡，人資部門反應它無法提供準確資訊，也不能應付職場日益模糊且更重合作的變化。遠距及混合工作模式讓領導者更難知道究竟是誰做了何種貢獻，因為你看不到大家成天都在做什麼。

> 要費心確保心理契約是合理公平，且雙方同意。

所幸，本書十七年前第一版就提出可取代績效追蹤的方法，亦即真正地管理績效——在事件之前、當下、事後的三個階段進行。在此的「事件」可以是會議、專案，或為期十二個月的時間。

事件之前：心理契約

績效管理始於績效開始前。你要同意績效的本質，才有辦法管理。對於績效的什麼、誰、何時、如何、為何，要明確設定。這個階段不是你說了算，應該是對彼此期望的雙向對談。你希望在特定預算內於多久看到某種成果，同時也要聽到對方是否認為可行、你要提供什麼援助、對方相對有何期望。

這來自你與團隊或某個部屬之間心理契約的基礎。這樣的心理契約也許非正式，但重要性卻不下於績效追蹤系統的正式要求。正式的體系可操弄，非正式的契約卻關乎信任。假如你玩弄非正式契約，就等同破壞了信任。所以要費心確保這心理契約是合理公平，且雙方同意。假如你一手宰制，員工將視之為另一套必要時可加以操弄的要求。

事件當下：少即是多

小時候，有人送我鬱金香球莖，我興奮極了，決定密切管理它的生長過程。我把它從土裡挖出，看它生長狀況，再把它放回土裡，上面鋪些有機肥料（糞肥）。每天至少一次。不用說，它根本長不大——這正是某些領導者管理績效的手法：時時盯著團隊，往他們頭上丟些管理糞肥，然後不解團隊為何失敗。

緊迫盯人的管控有兩個問題。首先，管得愈多，表示對團隊的信賴愈低。當你信賴員工，他們往往正面回應。我曾帶某校領導高層參觀 Range Rover 汽車製造過程，生產線工人似乎沒人監督，讓這些觀眾嘖嘖稱奇。工人們自我監督——生產線每個工作站都有龐大的性能數據，他們自豪地對我們展示說明。若有差錯，任何人都可以停下整條生產線。這是任何現代車廠的標準作法，予以員工相當程度的自主權，然而許多傳統領導者依舊害怕且避免這麼做。

第二個問題是，**管愈多工作量愈大**。每當你詢問進度，團隊就得費時準備，以回應你可能拋出的智慧金句。每次提問就可能衍生更多工作；每次提個建議，也會製造更多事情。對團隊而言，**管愈多表示不夠信任**，這會導致士氣低落、工時增加。

你可以把控制降到最低，只要事先訂出「關鍵日期」或「重要里程碑」，這才是你該聽取進度的時間點。事實上，只要四處走動，便可察覺部屬是否開始焦慮、工作過度、壓力過大。部屬及共事者都會散發危險訊號，此時你就應出手準備支援，而非僅是予以控制。

現在，混合工作模式讓你無法只靠走動式管理。就像這種新興模式衍生的各種狀況，你的領導要更有目的、更加仔細，這表示你事前要費心確保目標設定清晰，部屬不僅要理解為什麼、為何、如何，更要有主權感（見前述的分工段落）。此外，也要留意追蹤進度的方式。如果問「情況如何」，大概只會得到一個空洞的模糊答案。你要深入了解有哪些重大挑戰、風險與阻礙，知道部屬們每天多早來、做到多晚。透過明確不空泛的問題，你可掌握真實狀況。總之，信賴團隊，如此一來你不僅不用那麼辛苦，他們也會有更多表現，「無為」是有效管理績效的途徑。

”管愈多，工作量愈大。

事件過後：聚焦於學習成長

我們對失敗與成功的反應不同，但這兩種反應對績效管理都沒用。

失敗常帶來否認，或是指責犧牲者。我們仍未徹底擺脫中世紀那種心態，將天災怪罪於某個不幸的老寡婦——以女巫之名，將她火燒或水淹。我們仍會找代罪羔羊，儘管矛頭不再指向寡婦。這種事後剖析完全沒有幫助，不僅沒學到什麼教訓，交相指責還會助長惡搞心機與分裂文化。

對成功的反應也無濟於事。我們常以為成功很自然——我們都那麼聰明，成功自然來臨。事實上，成功並不是自然而然就會發生的，而是非常艱困的挑戰。成功的前面總有壁壘，不是永不出錯、運行流暢的機器，反而經常充滿著危機、混亂、一團糟。

然而由於將成功視為理所當然，以致我們很少花時間從中學習。因此，無論成敗，都該找出原因，不是為了指責或褒揚，而是為了學習和成長。

重點在看見自己以及團隊正在邁向成功。了解其中原因，以複製更多成功。即便受挫，總也有做對的地方，專注其上，從中學習。運用匯報，協助團隊收穫成長。

一旦成為習慣，團隊能力將飛快提升，你也做出真正的績效管理。至於你與團隊如何透過成功學習成長，會在第六章介紹。

> **重點在看見自己以及團隊正在邁向成功。**

從績效追蹤到績效發展

在職場上很難避免考核，但這樣的考核其實很危險。套用美國統計品管大師戴明（W. Edwards Deming）的話：「它（考核體制）滋長短期表現，扼殺長期規劃，製造恐懼，破壞合作，助長敵對與政治。」如今各大公司都意識到得處理這個問題。

要讓考核有用，關鍵是從「績效追蹤」換成「績效發展」，這個轉變非常簡單，效果卻十分巨大。不再聚焦於成果（亦即績效追蹤），改為聚焦發展（有助績效管理）。理論上聽來很怪，實際上十分簡單。以下表格顯示兩種方法的模樣，以一位十二個月前初次升至經理位階者的考核為例。

表2-2這份評估恐會造成這位初階經理人潰敗。跟一名新晉升的經理說他在多數指標都低於平均，將引發激烈且對立的討論。

將員工評為高於平均的壓力一直存在，一般來說，超過九成的員工被評為如此——統計上不合理，情感上卻不可避免，同時這也導致了過高的期望。績效追蹤極少帶來誠實的對話。

現在來看看採用發展角度之後（表2-3），同一個評估有何不同的樣貌。

妙在評比落在同樣的格子，結果卻完全

	低於平均	平均	高於平均	傑出
團隊合作	✓			
解決問題		✓		
人員管理	✓			
策略思考		✓		
分工授權	✓			

表 2-2：初階經理人的績效評估

不同。沒有爭論，且有可能展開一段有建設性的對話。這位新經理看到自己多方面被評為初階經理人不會訝異，還驚喜地發現在某些進階面向有所表現。接下來的對話將是如何在隨後一年持續成長。用這份表格，你可要求每位員工自我評估，這可以激發反省，從而經常能帶來對每個人頗為正確的看法。

更激烈的選項，是放棄整個正式的績效管理系統，Adobe 公司便是如此。其目標是不讓經理人躲在科技與表格後面，而是鼓勵他們與所有員工展開更頻繁與坦誠的了解。換言之，管理績效才是目的，不是追蹤而已。好的領導者都該如此。

	初階 經理人	進階 經理人	成熟 經理人	優秀 經理人
團隊合作	✓			
解決問題		✓		
人員管理	✓			
策略思考		✓		
分工授權	✓			

表 2-3：初階經理人的績效發展

如何處理績效不佳？

在大多數組織中，至少九成員工被評為平均之上——這在統計上不可能，情感上卻無可避免。老闆不喜歡給壞消息，屬下不喜歡聽壞消息，於是這幾乎人人高於平均水準的傳說持續著。但在某個時刻，領導者必須解決不是所有人都表現如預期的這個事實。

有些公司的極端措施，是每年解僱表現最差的十％。而後他們發現，這個手段很能燃起分裂所造成的心機，也能促使優秀人才的出走。即使最優秀的人，也可能因各種因素導致當年度表現差勁，包括走霉運。

如果你認為某人表現不佳，先別忙著判定，試著理解狀況。當你做了評斷，就會找各方證據佐證最初的偏見。肯定的偏差使我們目盲，以致我們再無法看見與評斷抵觸的其他證據，或總有理由加以否定。所以起步時，理解有幫助，評斷則無法。

不妨使用以下四個方式，有助你理解全貌：

- 照個鏡子。
- 了解情況。
- 觀看整部影片，別看快照。
- 評估反應。

照個鏡子

本質與風格往往並行。我們經常誤把自信當作能力，將自信不足視為能力不好。更糟的是，我們很容易不喜歡風格與眾不同的某位同事。如果你是透過染了色且還被不喜歡所污染的鏡片來觀察某人，就很容易對此人及其表現給出負面評價。

面對正要評估的部屬，自問你喜不喜歡對方。喜歡的話，將產生正面偏見；不喜歡的話，是個警訊。撇開個人偏見，聽聽他人對此人的看法，試著做出客觀的績效評估。

了解情況

我們有時都會陷入麻煩，很少有領導者能說自己從沒跌過跤。當自己陷入麻煩時，我們總有充分理由：

- 給我的目標完全不合理。
- 管理階層不提供支援。
- 供應商、同事及其他部門放我鴿子。
- 我缺乏足夠的預算與資源。
- 這個職務不適合我。
- 我碰到非常麻煩的家務事／健康問題。

”很少領導者能說自己從沒跌過跤。

一般來說，我們常為自己無法達成目標找出好理由。我們這麼做時，這些理由十足充分，但是當部屬抬出同樣原因，我們則惱火他們沒有擔當。一如既往，這種對話將在模糊的灰色地帶進行。所以，拿開個人偏見，暫時透過對方眼睛來看待一切。他們或許真的情有可原，那麼你要專注改變狀況，而非改變此人。除非你做出正確診斷，否則不可能找到正確方法。

觀看整部影片，別看快照

每個人都碰過這樣的時刻：世界似乎崩潰，事事出了差錯——多麼可怕的時刻。這種時候，你跟部屬可能做出完全錯誤的結論：你們雙方共同認定，這名部屬無法勝任。

如果你只看著慘劇的一瞬快照，很難對其績效做出正面結論。這時，必須後退一步，觀看整部影片而非快照。如果是你或部屬遇到挫折，這個反應很有用。

當你觀看影片——看看你或部屬在這一到三年間的改變，如果沒有進步，或看來就像電影「土撥鼠之日」（*Groundhog Day*）那樣陷在不斷重複的情境，警訊就十分清楚。但多數時你會發現，成長出現於這段期間。較之於快照，影片讓你能以非常正面積極的態度觀察到真正的表現。

至於一般職涯的死亡漩渦影片，包含這些典型模式：

- 不斷錯失目標或期限，繼而請求調整目標、期限，否定原本的設定合理、可行或明確。
- 無法承擔責任：怪罪他人。
- 一旦出錯，就出現模糊的溝通，導致「他說／我說／她說／我說／他們說」這種討論。
- 當隱形人：案子尾聲，就愈常請病假或找其他原因不來上班。
- 同事們對這個人的直接抱怨日益增加。

”組織存活要比個人生存重要。

如果這是你在看的影片，這名部屬就該換個職務，不管在公司裡外。這是你得承擔的困難對話，終究，組織存活要比個人生存重要。

評估反應

專業人士面對挫折的方式極有啟發性。頂尖者將挫折視為學習與重新開始的絕佳契機。他們不會逃走，而是向前靠近，仔細學習。向前靠近的意思是，他們會擔起責任，清楚溝通，站在現場，解決問題。有如此表現的部屬，其成功機率遠比失敗高。與此相對，推卸責任、怪罪他人、端出藉口、遲於行動，完全是當前掙扎、以後大概也會不斷掙扎之人的特徵。

看看部屬如何面對挫折，決定你們能否積極討論向前努力，或必須展開「讓他們走人」的困難對話。

如何進行困難對話？

沒人喜歡困難對話，為此它們往往被避開，任由問題潰爛。如果好運，問題自會解決，但往往問題會逐步蔓延，使得困難對話變得更加艱難。領導者不可能始終逍遙自在——你得處理麻煩事情，且要迅速完善。

以下提供十點要訣，助你化困難對話為有效對話。

困難對話的藝術

一、**知道目標何在：**明白知道你想藉由這番討論達成什麼。你應該做出有未來性的結論：談話結束，哪些地方將會變得更好？發洩怒火、斥責對方、表達義憤也許讓你感覺好些，但無助於彼此關係，也無法改善績效。

二、**充分準備：**盡最大努力了解狀況，從同事那邊蒐集正確資訊或視角。很多困難對話因誤解而更難，所以事前請盡力克服這點，繼而確保讓談話的時間地點都對。所謂對的時間，是靠近事件當時才會記憶猶新，但也別太近以免情緒過高。對的地點則絕對要有隱私——只有你們雙方。一旦有第三人在場，就屬公開會議，所有人都將採取公開姿態。

三、**聲明問題與目標：**這類對話最難之處就是一開始。明確扼要，一定要有建設性的目標。舉個例子：「上次開會，我們的大客戶反應很糟。我們來討論看看如何處理，讓以後能得到比較理想的回應。」避免說：「你讓客戶大為失望，我們得來談談。」這不會產生正面結果，只會製造紛爭。

四、**努力理解：**避免誤解，請從發問開始。開放式問題能得到豐富的答案，例如：「告訴我怎麼回事，你怎麼看這個事件。」你可能也需要確認問題的確存在：「告訴我那次會議你希望達成什麼。」你可能也想透過封閉式問題來加強力道：「那真是你想要的結果嗎？」

五、**緊扣要點：**困難對話可能因對方某些反應而更加困難：否認（「沒問題啊」）、扯遠（提其他問題和議程）、發動辯論（「當時我說／她說／但他反正沒有／我意思是／而他們不肯／那你為什麼不呢」這類討論）。無論如何，重點是要達成有未來性的目標，緊扣這點，不要讓話題偏離。

六、保持尊重：絕不貶低任何人，特別在緊張時刻。別讓情緒占上風。若對方情不自禁甚至淚眼婆娑，喊暫停，讓對方稍事冷靜。理性積極的討論才有空間，也能避免事後被告騷擾。

七、自我覺察：留意你的語言、聲調、身體語言。避免明顯的自衛、攻擊或情緒性，否則無法進行困難對話。事前保留一點冷靜時光，能平靜且專業地展開對話，也請做好充分的準備。

八、一同解決問題：假如你心中有底，先別說出來，問他們有何辦法。很可能他們提出的辦法更佳。唯有對方自己的想法，他們才會有實踐的決心。萬一把你的辦法強加於他們，對方將拚命證明那是行不通的蠢點子。

九、核對結論：雙方開心地結束會議，卻未確認彼此的共識，是很常見的失誤。當發現你們帶著不同認知離去時，一切已經來不及。所以結束前要問他們：「接著會做什麼？」若他們說的合乎你的期望，就是達成共識。如果他們講得令你意外，或不夠完整、含糊不清，就要明白談話尚未結束。

十、展開對話：這點最為重要。別閃躲，別把責任推給上級或同儕。這類對話永遠不會完美，但愈常進行，自然能產生更正面的效果。

並非所有困難對話都屬於開放式的。如果要談的是關於薪資、獎金、升遷、任務或工作展望等壞消息，那麼，假意的開放討論毫無意義。事前準備、維持尊重、自我覺察仍有必要，但必須直指核心，直接陳述壞消息。避免冗長的解釋或討論，這只會模糊焦點，引發爭辯和請求。唯有在對方理解並接受這個決定時，才可依狀況多做說明或進到下個步驟。

若想成為領導者，就得解決麻煩事。好消息是，當你做得愈多，就愈得心應手。

❞你必須直指核心，直接陳述壞消息。

第三章

行動

讓構想成真

高效業務員和普通業務員的產能天差地遠，舉例來說，大都會人壽保險公司發現，他們最好的保險業務員的效能是最差者的兩倍——業務是個非常容易進行產能比較的工作，這個發現相當正常。與此相對，大多數的專業工作則模糊許多，成功不易定義，既看品質也看數量。

其中，要比較跨界的專業產能又更難，因為大家做的事情都不一樣。唯一可以確定的是，不同專業的產能差別，要比業務員之間更大。坦白說，業務員無處可躲，但工作量模糊的人可以，而這與經驗有關。在你的公司，你可能知道誰真在做事、誰混水摸魚。頂尖人才和最差者的產能之差，可達四倍以上——儘管很難證明。

無論如何，該如何才可以高效達成目標呢？有三個優先事項：

一、**非常清楚目標與重點：**知道你要達成什麼。如果不知道自己想要什麼，就不可能找到這個目標。目標導向能讓你知道如何在日常管理的雜音中專注於信號。雜音要處理，但也要找出時間邁向目標。從前面一路看下來，這點應該不陌生：要有明確想法，成就你的ＩＰＡ。

二、**尋求幫助：**你不可能獨力完成，要打造一個能幫助你成功的團隊。在組織中建立一個有影響力與支援網絡，也有助於成功。有了偉大的構想與優秀人才，成功推動事情的機會即刻大增。

三、**精於本業**：這是你個人為何能有所為，也是每位領導者的功課，同時也是本書接下來要談的重點。

❞所謂政治，就是讓組織爲你做事。

無論在營運、財務、法律或任何屬於你的專業領域，你已是專擅某些技術本領。然而，作為領導者，還需要精通另外三種本領，也是本書開始要探討的內容：

一、**組織技能**：身為領導者，必須懂得如何領導變革、推動案子、控制成本、掌控預算、處理危機衝突、在不確定之下做出決定。這類技能往往帶有政治色彩。一切組織都有政治色彩，你得精通「政治」這門藝術。所謂政治，就是讓組織為你做事。這種組織性、政治性的技能也許得花數年才能掌握，但基本原則非常單純。接下來在本章將一一說明。

二、**日常技能：**假如要對五歲孩子解釋你的日常工作是什麼，你向他解釋如何管理複雜的全球供應鏈，恐怕對方會完全聽不懂。但如果你說，是跟大家碰面講話聆聽、書寫文件，大概就可以過關。這的確是領導者的平日作為，只是有人非常厲害，有人不行。磨亮這些日常技能，就可以脫穎而出。第四章將探討這類技能。

三、**心態技能：**你的行為就是你思考方式的表現。假如想學會領導力的祕訣，光是模仿領導者的表面（舉止行為）是不夠的，還得學會像領導者一樣思考。所幸，最佳領導者都有規律的心智習性，這是我們多少都能仿效的。學到其中任何一點，都能對領導力產生重大影響。關於這點，會是本書第六章的重點。

本章將先從推動變革開始，因為這是領導力的核心。唯有改變目標、重點與人才，方能帶領眾人到達他們自身無法企及之處。

變革管理

所謂的領導，即帶領眾人到達他們自身無法抵達之處；換言之，改革是領導的核心。領導者不能只是維持或改善，那是屬於經理人的艱鉅任務。領導者必須要有的作為是改變運作方式，邁向嶄新的理想未來。

> **要真正改革，就得面對強烈的抗拒。**

理論上，我們應該都喜歡改變。改變帶來繁榮進步，產生新的技術，帶來更棒的效能，連結了全球經濟。然而實際上，我們喜歡的是由別人、其他企業做出改變，讓我們自己蒙受其利就好。當我們自己必須改變時，改變忽然不再那麼迷人。不再蘊藏契機，而是隱藏了風險。因為改變意味著要改革我們的工作模式，或許要變的還有頂頭上司、工作所在、產出內容。我們得學會新的存活競爭規則，這些對我們不見得是好事。改變愈大，眾人眼中的風險愈大，主動跟被動的抗拒也愈烈。

因此，若想要真正改革，就得面對強烈的抗拒。這也讓領導力的定義有所變化，從「帶領眾人到達他們自己無法企及之處」變成「帶領眾人去他們一開始就不想去的地方」。

> **變革意味著個人改變，而這會讓變革過程充滿情緒張力。**

思考改革的一大錯誤，是將它視為理性過程，可由甘特圖或PERT圖表、專案管理等標準工具華麗呈現——實際上完全不是如此。變革意味著個人改變，讓變革過程充滿情緒張力；變革也意味著組織改變（權勢等級的更迭），意味著這過程將充滿政治色彩。

要想成功變革，得從三個面向管理此過程：

- 理性面。
- 政治面。
- 情緒面。

勤奮的專案經理會負責理性面，身為改革領袖，你還得同時處理好同事之間的政治和情緒面，才能有效推動變革。「處理好政治和情緒面」聽來含糊，而且有點難以完成，這多半得靠經驗，若欠缺這方面的經驗自然不易。即便有經驗，若能有比內在直覺天賦更具體的東西，就更能有效進行改革。

每次的變革都不太一樣，之前行得通，在這回不同情況下不見得可以。實務上，有三種工具能讓成功機會極大化：

一、策劃能夠成功的變革。

二、管理變革流程。

三、管理變革網絡。

策劃能夠成功的變革

腦筋清楚的人多半不喜歡變革。變革意味著不確定與風險，即便能順利度過這次，若環境改變而新老闆要做不同的事，怎麼曉得能再次成功？愈沒把握，愈可能感到憂慮。換言之，變革受「FUD因素」所主宰：

- 憂慮（**F**ear）
- 不確定性（**U**ncertainty）
- 懷疑（**D**oubt）

唯一不受這些因素折磨的人，只有執行長、高層領導者與顧問。他們有辦法控制變革，也曉得如何從中獲利。

實際上，**多數變革案在開始前就成敗注定**。身為領導者的你，主要角色就是確保這個改革朝著成功而非失敗前進。也許你認為這花太多時間，但它非常值得。這些年來，一個簡單公式即可預測變革的成敗。公式如下，儘管沒什麼數學上的正確性：**V＋N＋C＋F≧R**。

V＝願景（vision）

這不是「拯救地球」的那種願景，而是你理想未來的構想。讓大家看見變革之後，部門、公司或組織將如何不同，這就是IPA三角中的構想。要讓願景打動人心，得讓它跟每個人產生連結，讓大家看見自己在變革工程中的重要性，以及改變將為他們帶來什麼好處。

N＝必要（need）

無論就組織或個人而言，都必須察覺改變的必要。說明無所作為的風險更勝過採取行動的風險。恐懼常是相當有力的改革動力。提高對不行動的憂心儘管殘酷，卻十分有效。執行長往往透過「失火平臺」的手法達到這個目標。基本上他們會說：「若不改變，公司將因為競爭、法條或科技被淘汰。」比起失去工作的風險，改革風險頓時顯得很低。二〇二〇年疫情的開始，證明當各企業面臨真正的失火平臺時，可以革新的何等劇烈快速。

C＝變革能力（capacity to change）

組織若欠缺改革的技能或資源，願景和必要性擺在那裡也沒用。團隊想知道他們確實能成功完成從現在到未來之旅。變革能力仰賴兩個支柱。第一，需要讓它實現的資源，包括：預算、團隊和高層的支援。第二，需要信譽。如果每六個月宣布一項新的改革措施，三個月後就沒人記得，那你最新祭出的辦法將受到禮貌性的漠視。證明這項變革確實不虛，就是成功跨出了第一步。

F＝邁出第一步（first steps）

這個世界追求當下的滿足，我們想知道我們支持的是贏家。善用此點，找出早期勝利：能讓懷疑者及觀望者加入支持的一些初期成功跡象，像是營造興奮感、大肆慶祝一切進展，表現出你正領導風潮，好讓大家紛紛加入。

R＝變革的風險與成本（risks and costs of change）

改革風險通常是透過風險日誌、問題日誌、緩解措施等標準「基礎設施」管控，但這些方法效用有限，它們僅能應付改革的理性風險，這是多數經理人能輕鬆解決的。改革的真正風險不在理性面，而在情緒及政治面。**情緒風險關乎因改革而備受威脅的人，政治風險來自於挑戰現狀、威脅到其他部門的地位及擾亂整體組織。**

> **營造改革的必要性，以及不行動會有更大風險。**

情緒及政治面的阻礙不易察覺，經常隱藏在一堆反對改革的理性言詞下，諸如

「這成本太龐大」或「客戶會反彈」。這些都是偽裝，真正風險是「這讓我感到威脅」及「我的部門受到威脅」。假如你當作理性反對來處理就錯失重點，會莫名墜入不相關、贏不了的爭辯漩渦。反之，找時間與每個人私下談談，弄清楚他們真正的心結所在，隨即會發現那些理性異議神奇地被自動化解了。

作為領導者，全盤處理很重要。不斷讓大家看到某個願景，讓眾人感到這個改變與自己的需求息息相關——營造改革的必要性，以及不行動會有更大的風險。找出開始階段的勝利維繫眾人熱情，確保有足夠的改革能力，而這一切都要與風險降低保持平衡。很少人真心喜歡變革，尤其當察覺到的風險愈強，人們對改革的抗拒愈大，為此，設法讓改革風險降到極低，就沒人會妨礙你了。

管理變革流程

專案經理人可以負責變革的技術面及理性面，但身為變革領導者的你，則必須負責改革帶來的政治面和情緒面。絕大多數重大的變革計畫會經歷一個可預期的情緒及政治週期，如圖3-1所示。

假如你成功地使用了變革方程式，就會在早期見到一些對改革的熱情。多多少少的初期勝利收攏了更多懷疑者，一切露出曙光，但此時一些問題也同步浮現。當一開始的熱情逐漸淡去，眾人漸漸意識到整個改革需要的規模、開始看到改革帶來的邏輯局面，而你所描繪的精彩願景則被必須投入的努力與其中的風險給掩蓋。

變革崩盤，極少只是單一原因所造成。改革常會慢慢地蜿蜒進絕望的沼澤，當初瞄到成功端倪即跳上船的酒肉朋友，一看到麻煩出現立刻下船，與

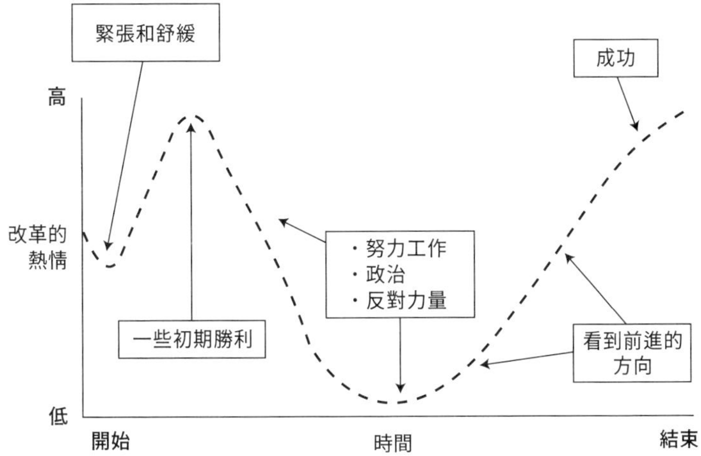

圖 3-1：改革與死亡之谷

你的改革刻意保持距離。他們也許會給你建議，但卻帶有毒性——接受的話，他們將聲稱是他們扭轉了乾坤；如果拒絕，他們就能證明失敗是因為你不接受他們的建言。霎時，你開始覺得非常寂寞，陷入困境。

不出所料，來到改革中期危機時，預防勝於治療。假如你在專案管理及改革議題都朝成功方向做足準備，就能順利度過。假如改革太早開始，就可能失敗。若缺乏對願景的足夠信念或政治支援，就難以克服反對聲浪。

有趣的是，所有成功的改革方案幾乎都逃離不了死亡之谷；只有來到這裡，眾人才真正意識到他們要為變革付出多大代價。反對聲浪，是他們至少認真看待此事、有參與感的明確證據。別逃避死亡之谷，反而要努力去找它。

在多數由我主導的重大變革中，一開始我就會先提醒客戶或贊助者，將經歷變革週期跟死亡之谷。當他們預先知悉，就不會那麼擔心，而是了解這不可避免的過程，從而做好度過的心理準備。在某些案例，執行長還像個在長途旅行的小孩般不斷追問：「我們到那裡了嗎？現在就是這狀況是嗎？我們來到死亡之谷了嗎？」死亡之谷的經驗絕不舒服，但很重要；這時，眾人都明白不能再依循舊習，即便還不知道未來長什麼樣——這是所有人真正理解事實、準備向前的時刻。

在死亡之谷，追隨者放棄了，領導者則放眼未來。盯牢最終目標，努力設法抵達。當所有人只看到問題，而你提出解決辦法跟具體行動，馬上鶴立雞群。在這沮喪的泥沼，大家期待出路。死亡之谷是你的關鍵時刻，是你證明自己學習成長最多的時刻。若這一切讓你在下次變革遇到危機時能心存希望，它至少有些作用。記住，成敗之差往往只在堅持與否。

管理變革網絡

要想成功進行變革，得留意到一個很大的問題：領導者往往希望所有人都加入他們的歡樂隊伍，但這通常不大可能，總會有些抵制一切的頑固分子。成功的改革網絡，由權勢、技能、資源面能確保成功的人共同組成。此外，變革領袖需要組織裡的重要群體予以支持，但想收攏整個組織是在浪費時間。這個難題可見於圖3-2。此圖顯示多數人基本上對改革想法相當冷淡。實際上，他們的熱情會隨著變革階段消長，但鐘形曲線始終可見。

他們將開始感受到改革列車開走之後被留在月臺上的孤獨。他們能自己決定要離開或上車。如果他們要躺在火車前的鐵軌表示抗議，讓他們曉得，火車絕對不會因此停止。反改革者會花去你太多的時間和力氣。與此相對，只需要把多數人從「無感」移動到「接受」變革。再次提醒，別期待每個人都成為變革擁抱者。

每個變革鐘形曲線兩端，總存在著極端。一端是對改革懷抱熱情者，你可以找他們擔任積極的領導者與先行者。另一頭，一定會有人反對，但別浪費時間在他們身上，讓他們眼見改革邁向成功、讓他們自行決定。

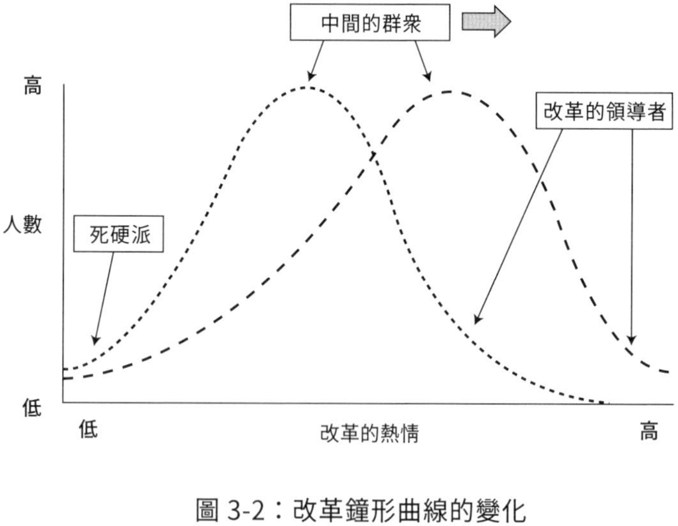

圖 3-2：改革鐘形曲線的變化

除了收攏中間多數人之外，也得建立支持改革、有力的合適網絡。欲取得改革中期的成功，打造網絡及聯盟至關重要，而這將會是第五章的主題。

不要被少數反對意見給綁架了

某家化工公司的工廠經理深感頭痛，他怎麼都推不動新的工作方式。我們被找來幫忙，也立刻聽到對整個改革想法的大聲抗議，表達十分強烈。從成本、生活－工作均衡、健康與安全到威脅罷工，反對者窮盡一切理由。但我們也發現，反對全都來自發電廠管理員與一小部分員工，其他多數人默默支持，但被大聲叫囂的中層管理員給震住了，以致工廠經理也讓自己成為人質，任由他們握有有效否決權。

我們沒去管那些抗議者，反而是鎖定在支持者身上。當我們開始在比較支持的區域實施改變，人們發現他們喜歡這些變動，開始敢於表態支持。我們不用跟反對者協商，他們就一個個做出了決定——有人接受新的方案、有人離開。作為變革領導者，別嘗試一直取悅所有人，如此將一事無成。

衝突處理

一流公司也存在著衝突；若沒有衝突，領導者應保持高度警覺，因為組織本來就是為衝突而設。為什麼？在任何組織，預算、時間、技能與資源都相當有限，各個產品、功能、區域不免各有立場及優先順序，因為大家全都在爭取同一桶有限資源。部門間隨之而來的爭奪戰也許文明，也許陰險、政治且卑鄙。無論如何，競爭與衝突無可避免。對許多中階經理人來說，真正的競爭不在外頭的市場，而是坐在鄰近辦公桌的人——意圖爭搶公司內同樣的資源、同樣的升遷機會。

”真正的競爭不在外頭的市場，而是坐在鄰近辦公桌的人。

即便在你的團隊裡，也該期待看到衝突。建設性的衝突代表健康的團隊，顯示這個團隊並非只有循規蹈矩的團體迷思，而是擁有不同的技能與觀點，隨時準備在必要之時，挑戰彼此也挑戰你。沒有衝突，表示你的團隊成員是一群想法相似、墨守成規的遵從者。

當我們了解衝突是所有組織的必然現象時，就能採取第一個解決步驟。衝突非關是誰或什麼個性，而是關乎立場和優先順序。我詢問合作過的所有領導者如何處理衝突之道，他們全都對準同樣一套原則：

- **絕不逃避衝突：**擁抱它。有了衝突，優先順序與決策才得以浮現。它能讓具有潛力的新興領導者發展出領導力及人際技巧。
- **別把衝突個人化：**即便事實如此，也絕對不要認為衝突是針對自己。把焦點放在攸關利害的問題與利益，別管人的個性。
- **保持超然：**靜觀其變，保持冷靜，在爭執中誰發脾氣誰就輸了。想想你尊敬的某領導者或典範會如何處理衝突場面。有位領導者形容那是「戴上領導面具」。內心也許情緒沸騰，但請秀出理想領袖的面具，以此引導你的行為。

偶爾，有些衝突會變得情緒化且場面難看，畢竟人不同於電腦，有情緒在所難免。這類狀況很少但很危險，若沒處理好，連無辜的一方也會遭受波及。這種時候，有一個簡單模型可作為引導。試著這樣記：把FEAR（害怕）變成EAR（聆聽）。

FEAR代表對公然敵意的自然反應，也代表我們首次見到執行長時的感覺。人類祖先第一次碰到劍齒虎時，這種情緒很有幫助：它警告他們打或逃。不過，第一次見到執行長打或逃，可沒什麼幫助。讓**FEAR**占上風的反應是錯的：

- 憤怒搏打（**F**ight）
- 與敵人情緒互動（**E**ngage）
- 四處與人爭論（**A**rgue）
- 報復、否認、駁斥理由（**R**etaliate）

假如這是你最後一天在公司，**FEAR**是挺好的退席方式。然而，拿掉字母F剩下**EAR**，這才是正確選擇，開始「聆聽」。EAR代表：

- 同理（**E**mpathise）

• 同意問題所在（Agree）
• 加以解決確保繼續前進（Resolve）

> ” **贏得朋友，而非贏得爭執。**

通常我們會不禁直接跳到最後：加以解決確保繼續前進，但這只會引發更多爭端，對方將駁倒你所說的每一句話。為此，必須先讓他們平靜下來，並且同理他們。但這並不表示要照單全收，而是拿出積極的聆聽技巧。關於這一點，稍後會再多談一些。當你開始聆聽，會發現他們難處的真正本質，以及他們備感威脅的原因。別試圖爭論，試著理解。贏得朋友，而非爭執。贏得朋友時，如果在激動底下有任何實質分歧，你仍有機會贏得爭執。

切記，除非你們雙方都同意問題所在，否則你們不可能共同找到解決辦法。當你們一起認可問題的根源，才有機會朝向未來找到出路。

危機處理

危機是好的，在這種時候，學習成長速度最多也最快。危機出現時，會自動記下每一刻，色彩鮮明，永難忘懷。危機也是你留下好印象的契機，積極作為，所有人都會注意到你解決了危機。危機對職涯不見得不好，甚至還可能更好。當然，此時的感受不會太舒服，會有壓力、受挫及人類幾乎所有的各種負面情緒。然而，如果你能退一步，從更長遠、更正面的角度看待危機，就有機會在短期壓力下倖存。

事實上，以下四種方式，能讓你更擅於處理危機：

- 正面看待對危機（如前上述）。
- 懂得尋求援助，不要獨自受苦掙扎。
- 深入了解危機，並加以妥善處理。
- 獲得處理危機的經驗。

危機經驗愈多，愈懂得應付。與領導力的其他多數面向一樣，危機管理也不外乎模式辨識（pattern recognition）。一旦你認得某種模式，就會知道該如何處理。換言之，你不該躲開挑戰和危機，而是要深入貼近。

有些人很幸運，從未碰過職涯或商場上的真正危機。不過多數人則會在某個時點碰上，當下可能感到極其孤單，然而，唯一能將你從中解救出來的只有你自己。身處組織中層，許多新興領導者只想找個蘇格蘭島開闢純素農場，這很自然。剛開始職場那股豪情壯志已然消失，通往頂端的迢迢長路看去依然遙遠，然後某件事發生了：最後一根稻草壓垮了駱駝。成敗之差往往只在堅持與否。成功領導者一再衝破危機，體認到尼采（Friedrich W. Nietzsche）那句果然正確的名言：「凡殺不死我的，必使我更強大。」至於其他人，則在自己的農場清理有機垃圾。

培養韌性

為危機做好準備的最好方式，就是及早培養韌性。對一個二十出頭的年輕人來

有效處理危機的十大心法

一、及早面對問題：不要否認、不要逃避，危機不會自行消失。

二、掌握主導權：迎接難關，拿出解決方案而非更多難題，制定計畫。

三、迅速行動：避免陷入分析泥淖，採取行動，專注成果。

四、專注於所能爲，全力以赴：小小的起步動作也好，藉此打造動能與信心。別憂慮無法控制之事，反正你也沒有辦法控制。

五、尋找大量後援：別當孤單英雄，找到人、錢、技能，以及眾志能夠成城的權勢大亨與支援者。

六、積極溝通：如此能消除恐懼、不確定性、懷疑與困惑，使訊息清晰，前後一致。但請記得用簡單的故事說明你的方向及欲到達的方法。

七、保持正面：人們不僅記得你的作為，也會記得你的舉止，所以要做好典範，成為仿效標竿。

八、避免責怪：讚揚出力者，別回顧分析問題或指責他人。打造行動為主的正面文化，而非不作為的恐懼文化。

九、展現同理：體認他人的擔憂，管好自己的感受及恐懼，戴上領導者的面具，展現自信與同理心。

十、善用危機：危機是你留下影響力、脫穎而出、成就大業的契機。面對次數愈多，就愈善於處理危機。

說，面對危機愈挫愈勇並不容易，但在最壞的情況下，他們很快就能捲土重來，學到很多寶貴經驗。

對二十幾歲的人而言，藉企業管理碩士學位另起爐灶，是安全且有聲譽的管道。與此相對，一個四十歲而從沒碰過危機的人，常擁有某位執行長形容為「易碎的」信心。他們看似厲害、聽來能幹、看去自信，但一碰上真正的危機或挑戰，立即垮臺，沒有後援。他們藉口很高興脫離這你死我活的競爭，終能實現一直以來擁有一座有機農場的夢想，真是令人不勝唏噓。

”成敗之差往往只在堅持與否。

許多畢業新鮮人的培訓課程並不培養韌性，它們只考驗新鮮人對拚命工作的態度，但那並不等同於韌性。英國教育機構「教學優先」則不然。頂尖的畢業新鮮人要先花兩年，在英國最富挑戰性的一些學校教學，而這很可能是段殘酷經歷，但這批新鮮人能藉此養成相當的自信、堅毅及人際技巧，這絕非那些成天盯著電腦交易證券、埋首報告、坐領高薪的同學所能學到的。未來的領袖必須承擔風險，儘早認識逆境，學會韌性。年過四十再來學這些，很不容易。

談到如何面對危機的那些領袖們，就要談一談認識自己的重要性。有些人讓工作抹煞了自己，危機一來或準備退休，才發現沒有後盾。他們一直太依賴工作——為工作而活。幾乎所有我訪問過的領導者，工作之餘的生活都相當精彩，而這讓他們享有一定的獨立，也讓他們更能應付各項挑戰。

事實上，每個人都需要好好認識自己。不是所有人都適合擔任領導者，也並非人人都需要培養領導力。假如你喜歡釣魚，就請認真釣好魚吧！

目標及預算談判

所謂的成功，經常是根據你完成了什麼結果來定義。若依此理論，表示你應該全力拼搏，爭取最佳結果。但實際上，成功還有另一種定義方式：**「成功」等於「結果」減去「期望值」**。

事實上，這就是你被評估的方程式。這是一個「目標管理」及「關鍵績效指標」的世界，亦即期望值的堂堂說法。也就是說，你得耕耘兩件事：繳出成果，設定預期。

幾乎所有你受過的訓練與支援都關乎「達標」，至於公式另一端的設定期望，則多少受到忽視。但讓人目睹你能達標，對你的能力發展至為重要。天真的經理人往往接下「有挑戰性」的目標，覺得英雄就該如此。相對地，老油條經理人會把期望壓低，達標就相對容易。

管理期望

管理期望的重要性，可從下方表格看出。天真經理接下有難度的目標，卻無法繳出比老油條經理還好的成績。關鍵差別就在，老油條經理談到較低的期望值。到了年終，天真經理發現沒能達標造成績效不佳和一堆補救措施，而老油條經理稍微差一點的成績，卻贏來不錯獎金。

也許你覺得，認真的執行長不來這套，但實際上所有領導者都這麼做。看看一名新執行長上任會怎樣。他（九十五％一流企業的執行長仍屬男性）做的第一件事，就是抖出一切醜事，描繪出一幅迫在眉睫的災難。如此，眾人便不敢期望獲利，好在，他就是那位扭轉乾坤的英雄。他壓低期望，順利超標，證明自己所言不虛，果然超凡。

	天眞經理	老油條經理
目標	150	100
成果	125	120
結果減去期望值	-25	+25

如果你位居領導之位，就深知這種手法，也會如法炮製。無可避免，在這個手法中包含兩方：如果處於目標接收方，就想壓低期望；如果負責目標設定，就想把它拉高。你會聽到這目標太不合理的各種理由；有些情況下，不合理是值得的，而設定目標就是其中一種情況。如果你壓低目標，成果絕對就是低落——目標經常是自我實現的預言。

> **如果你壓低目標，成果就絕對低落——目標經常是自我實現的預言。**

若換成預算，道理相同，只是順序相反。當你負責編制預

	設定預算及目標的領導者	接受預算及目標的經理人
預算	給低預算	爭取高預算
目標	訂高目標	爭取低目標

算時，會努力壓低，好讓寶貴資源盡量分散。反之，如果你是拿的一方，會想拚命爭取，好有充分資源完成目標。兩者之間的差別可見於前頁下方表格。

基本上，預算跟目標都是一種談判。怎麼說呢？領導者就像顧客，想以最低費用拿到最多。經理人則像提供者，想以最少的努力拿到最多錢（預算）。假如你接受年度預算週期的傳統做法，就會發現一切不利於你。在高層審核你的預算時，一切期望值已然設定，你幾乎沒有機會改變這些期望。

那麼，要如何談出妥當的預算與目標？有四件事情可做：

一、及早出擊。

二、講個故事。

三、洞悉程序。

四、管好年度績效。

及早出擊

期望值通常是預設產生，例如，明年度預算的最佳指標就是今年預算，只是稍作加減。這對你或許有利或不利，所以要早在正式的預算週期啟動前，及早展開行動。那時還有很多可著墨之處。一旦程序開啟，各個決策逐步浮現，能施力之處就愈來愈少了。你得先發制人，別靜待正式程序走到你時才開始行動，要從第一天就開始善用你的非正式人際關係去影響流程。

> **明年度預算的最佳指標就是今年預算。**

講個故事

要不停地講故事，因為你是這門領域的專家，別人想從你的資料裡挑骨頭可沒那麼容易。好好善用這種知識的不平等。講出為何部門下個年度將面臨非比尋常、甚至前所未有的困境，所以你需要低目標和高預算。確保所有事實面面俱到，使他人幾乎無法反駁。再來不斷推銷你的故事，竭力推廣各種事實。假如你保持靜默，就只能接受他人所訂定的任何預算和目標。

”不斷推銷你的故事，竭力推廣各種事實。

洞悉程序

要非常清楚預算週期何時開始、何人涉入、大致框架和訂定時程。要能影響這個框架，得抓住適當時機向對的人陳情。對的人或許高你兩個位階，所以要準備好簡短故事，如此能在走廊偶遇、二十秒的交談時間內告訴他們。

務必讓這個偶遇發生，做好一切準備。另外，還要備好另一番較細膩的討論，對方是財務或規劃的關鍵人員，並主導上到下流程。別等著這個流程往下到你——那時大勢底定，就只能接受命運。

管好年度績效

當你今年表現不錯，上層就會以這個數字做為明年的基準線。假如你今年締造小奇蹟，明年就得弄出大奇蹟。為此，當你窺見今年會很亮眼，也許就該開始調整一下數字，例如支出提前發生、認定收入稍稍延後，如此，才能為明年度畫下一道可接受的基準線。

成本掌控

沒能控制好成本，會立即造成領導者失職。即便數字很小，但意外地沒達標也是一場災難，因為這表示：

- 你沒能掌握情況，不再令人放心。
- 讓老闆感到意外，老闆不喜歡意外。
- 造成整個組織的麻煩，大家要設法彌補你的漏洞。

雖然光靠成本控制不能讓你成為傑出領導者，但如果沒控制好成本，你毫無機會成為領導者。以下是避免預算出錯的十個技巧：

一、**專注於前期表現：**善用52／48原則，意思是，上半年目標以四十八%的預算做到五十二%的業績，在前三個月內用前六個月預算的52／48來達成目標。畢竟，年度後期出現的意外通常不會是好事。52／48原則提供防範空間，也能有效激發團隊的好表現。

二、**經常審查現況：**每個月至少一次。如果你的部門哪裡表現落後，就必須出手救援，及早推他們一把。經常審核也可以讓團隊意識到，預算紀律是你們必須嚴守的重要項目。

三、**及早行動：**若預算出錯，就要馬上行動。拖愈晚，問題愈大，不僅會讓你看起來沒有掌控狀況，可彌補缺口的時間也會愈少。

四、**善用財務，善用控制：**詐欺和財務弊端是別人會出的事……，直到你自己碰上。財務控制令人痛苦，但有其必要性。所以，請與財務部和內部稽核單位的同事交好，並確實遵守他們的控制。

五、**留意應收應付項目：**這些東西能毀掉預算。如果你準備在年末支出一筆費用，請現在就先確認好，才不會後來大吃一驚。應收應付項目總是有太晚現身的本事。

六、**明智花費：**你知道年底將被迫彌補其他某處的缺口，以致你的預算可能被砍，這時，裁量性（discretionary）支出首當其衝。如果有重要的裁量性支出（像是部門的外部會議），別等到第四季。

七、全力撙節：團隊永遠有提高支出的理由，為此請設下基本條款：唯有能省下別處費用，才可以提高花費。當你看到省錢機會，像是將一個招聘預算推遲數月，請盡量把握。

八、預留儲備：高層看到你進度超前，年中就會直接提高你的目標，換言之，你的積蓄會被拿去補其他地方的洞。為此可以的話，避免過早聲張達標，否則會因此受罪。

九、活用數字：成本及收益如何認定、支出屬於資本還是流動，這些永遠可自由裁奪。善用這項彈性，年終如果表現不佳，這個裁量權可讓你朝有利方向傾斜。如果你超標，可用此裁量權降低年底的數字表現——可以馬上為下年度定下較低的基準線。

十、以身作則：表現出你很在乎預算，自己別亂花錢。另外，把焦點擺對地方——別管大家怎麼使用影印機，會影響年終成果的數字才需要謹慎控制。

財務控制為什麼如此重要？

我們懷著龐大野心與少許資源，創立一個新的慈善事業，因此我們將一切投入於核心服務，財務這類項目只是消耗寶貴資源，屬於無益且昂貴的營運費用。然而，當我們忽然發現要付不出薪資的那個月，想法開始有了改變。當時的財務經理沒有及早警覺。我們決定該換個合適的經理，也提高了一點預算。

下一位財務經理的確比較有能力，但也不合適，因為他自行開立未經授權的支票。所幸銀行即時發現，我們逃過損失。

這下子，我們決定在財務上要有更合理的投資。新的財務總監看來稱職，而且跟一般財務總監不同，跟員工們都處得很好，這可能跟她在公司賣廉價CD的副業有關。我去找她時，發現她把一大堆錢放在沙發下的鞋盒。我提出質疑，「那是我賣CD的錢，」她說，「我實在不信任銀行，擺在身邊比較安全。」

幾週之後她沒來上班，這情形從沒發生過。等我們看到新聞才明白為什麼：她幫一批武裝盜匪搶銀行。難怪她不信任銀行。

於是我們終於體認到必須強化財務安全，這果然即時：不出幾年，我們得以逮到財務部一名新人嘗試做發票詐欺。

詐欺和財務弊端只會出在別人身上，是吧？那可不一定喔！

打造管理機器：成功的工作節奏與日常

你需要推動事情的「機器」。人、錢、計畫都很重要，但若少了這臺機器，你將毫無進展。這臺幫助你提升領導力的機器，包含七個部分：

一、專案管理。
二、策略規劃。
三、資訊管理。
四、績效管理。
五、發展計畫。
六、薪酬和獎勵方案。
七、溝通。

如果你覺得這份清單與其說是提升領導能力，似乎更像提升管理能力——你的疑心是對的。作為領導者，這臺機器既能幫你也能綁住你，差別在要知道自己相對於它的角色。若一不小心就把全副時間花在這七個零件，日常流程跟意外狀況會讓你忙到不行。反之操作順利，你將是極有效能的管理者。然而，作為領導者，你的職責不是操作這臺機器，而是「打造」它，確保它具備你所希望的性能。

如果機器表現不如期望，你可以改變它。比方說，如果你沒有更動績效管理系統的權限，通常你仍能找到裁量辦法，改變執行它的方式。身為領導者，務必要是這臺機器的主人，而非僕役。

> **”務必要是這臺名爲管理機器的主人，而非僕役。**

現在，就讓我們看看，能如何打造這七個部分，以符合你的需求。

專案管理

這部分是直指目標和大方向的核心。日常的大量雜音占據你很多時間，但有一、兩項措施關乎你想推動的改變，那是你必須關注之處。

身為領導者，可能偶爾得直接負責某個專案，但大多數的案子，你在專案管理的角色不是去管細節，而是帶領團隊完成使命，這表示你應專注於：

- **確保團隊有正確目標、妥當資源、合適後援**：專案啟動前就要備妥這些：八十%的成功取決於五%的努力，這些是在團隊正式投入以前就要到位的。
- **確保團隊有對的成員**：「一流」團隊舉重若輕，「二流」團隊只會有壓力、危機、表現不佳。
- **為團隊提供掩護**：身為領導者，要為屬下應付高層的政治障礙，掃除路障，弭平路面。
- **提供支持性管理**：要掌握進度，但小心別當控制狂。頂尖領導者對目標毫不講理，與此相對，對手段則有很大的空間。什麼必須完成、在什麼時間，沒得商量，至於團隊打算如何達成，彈性很大。

- **保持分工：**當團隊想把所有問題上拋給你時，要把找出解方的責任交回給他們。授權讓他們自己承擔。

策略規劃

領導者都知道何時該遵守規則，何時又能予以打破。公司正式的規劃流程，正是打破規則的理想起點。

規劃流程設下你的挑戰框架。如果遵循正式流程，將被系統及系統捍衛者（策略規劃者）逼到牆角。這個牆角不會是你想待的地方，因為：

- 下年度策略的最佳指標是今年的策略，這表示你能扮演領導者、率領團隊到他們自己無法企及之處的空間有限。
- 下年度預算的最佳指標是今年的預算，但要成本更低、收益或產出更高。高層會要你參加「更快更好更便宜」的競賽。身為領導者，你並不想跑更快，而是想往另一個方向或買一臺自行車。所以，你得更改參賽規則。

”下年度預算的最佳指標是今年的預算。

對領導者來說，策略規劃流程是必要之戰，且必須打贏，因為命運在此一役，這個戰役，決定了你能夠以何種資源達成什麼。

要打贏策略戰，就照過去威爾士橄欖球隊的非正式座右銘：「立刻還擊。」先出手，用力攻擊，繼續出擊。若有清楚的計畫，就要開始推銷給關鍵的有力影響人士與決策者，且要遠在規劃流程正式啟動前。

你的目標是：確保管理高層向規劃者提供符合你需求的規劃假設。規劃假設勾勒出整個流程和辯論，一旦成形，你就已經被框住。這些假設並非空穴來風，它們往往來自高層級對公司優先事項的全面討論。如果你希望出現對自己有利的假設，就要設法讓你的目標貼近高層的目標與重點。當他們認為你能輔助他們的大方向時，金錢與後援就會朝你源源而來。

記住，你一定要控制機器，別讓機器來控制你。

資訊管理

「你衡量什麼，你就會得到什麼。」這是商場上的自明之理之一。你的領導力機器會協助你衡量對的事，並在對的時間提供給你正確資訊。

> **”你衡量什麼，你就會得到什麼。**

你需要機器提供以下四種資訊，這與一九九〇年代發展出很流行的平衡計分卡大致呼應：

- **財務資訊：**這項資訊非常重要，卻有兩個大缺點。第一，管理層很擅於玩弄體制，你得深入挖掘才能找出數字背後的真相；第二，財務資訊永遠是看過去，但要開往未來就不能一直看著照後鏡。實際上，你需要的是能幫你弄懂未來的資訊，然而這往往來自市場。至於談判預算、控制成本，之前的章節已經談過。

- **市場資訊：**資訊有用，但情報消息更好。作為領導者，需要市場資訊也需要情報消息。市場資訊能告訴你市場規模、占有率、競爭與顧客的趨勢，而好的銷售漏斗（sales funnel）則讓你看出近期前景。市場資訊會讓你知道發生了什麼事，卻無法告訴你原因或未來會如何。與此相對，情報消息比較屬於質化情報，概括對手有何計畫、顧客對你的評價、他們如何使用你的服務與產品，是讓你決定如何形塑未來的原料。
- **營運資訊：**這關注的是內部成功的關鍵指標，你得決定你的機器包含哪些重要數據。也許是週期時間、單位成本、產量、使用率、留住人才、品質。同時，營運資訊應與你的策略焦點相呼應。
- **有關未來的資訊：**這有如金粉，有些來自好的市場情報，但有些來自公司內部。你的機器此刻就必須向未來調整，這表示你需要一連串的研究、測試、新的措施與專案，以開發下一代的產品與服務。

這四種資訊和傳統的資訊管理系統南轅北轍，後者往往長於財務數據，其他則很弱。太多資訊管理系統就好像醉漢，把家裡鑰匙遺失在樹叢裡，卻從路燈下開始尋找。你無法在方便處找到你的鑰匙或重要資訊，有時候得走到困難之處。

實際上，資訊管理系統這臺機器無法產出多少你最需要的資訊。要找到所需，你必須多走多聊。外人看來你似乎在浪費時間閒扯，但這種時光不是浪費。「花在偵查的時間幾無浪費」，這句古老的軍事格言，從中國軍事策略家孫子，到兩千五百年後的德國陸軍元帥隆美爾（Erwin Rommel）都曾說過。所以，不斷跟員工、同事、供應商及顧客談話吧！

如果你一味依賴機器，就會變成它的囚犯。請向外探索，找到領導力最需要的資訊。

績效管理

每家企業都有正式的績效管理系統，它們通常是一種儀式性的羞辱：上司扮演讚許或批判所有成員表現的成人，成員則演出孩童。改變績效管理系統不是值得投入的戰事，除非你有更改的權限。你有其他戰爭要打，所以要充分善用既有的系統。

作為領導者，最好的績效管理並非透過公司正式程序，而是在每天的每一個當下。為了有效管理績效，要先分清楚像是在學校的規範性（normative）及形成性（formative）評量的差異：

- 規範性評量是一種老舊的方式，用來告訴員工他們的表現如何。就像在學校一樣，對他們的表現打分數。把團隊當成學童看待，並非理想方式。
- 形成性評量不看團隊做了什麼，而是看其做的方式、如何能更好。這帶來很有建設性的成人與成人對話，將績效管理與培養發展交織合一。

如果有在做日常績效管理，那麼正式的系統將成為紀錄追蹤，只須記下雙方討論過也同意過的事項。作為領導者，你或許無法更動公司的系統，但能改變它的運作方式，使其符合你所需。

發展計畫

為了撰寫本書，我們研究訪問了數千名部屬，詢問他們希望從領導者那裡獲得什麼，答案已在之前提及。在此研究中，有個問題能判讀出某上司在多數領導面向的評分。就是以下這個問題，可決定團隊成員認為你是不是一個好領袖：

「我的老闆關心我和我的職涯發展。」（同意／不同意，五分滿分）

如果你能表現出你在乎團隊所有成員，就會是大家想要追隨的領導者，而不是必須服從的老闆。

要展現出關心成員的職涯發展，絕非一年談一次規劃就足夠了，還必須了解每個人想要什麼。我們知道員工跟雇主並不期待彼此的「職場婚姻」能走到永遠，所以不用要求百分之百的忠誠與熱情，而是應表現出你理解他們對人生的規劃。你只是一塊墊腳石，幫助他們前往下一站。做好這一點，他們說不定就會選擇一輩子跟著你。

薪酬和獎勵方案

薪酬不能使員工快樂，卻能讓他們不快樂。即便你發給他們鉅額獎金，他們的感激也只會持續到錢入帳為止。但若得到的不如預期，他們不僅會不開心，還會失去對你的信任與信心。這表示你不能仰賴這臺機器給你所期望的：積極且忠誠的團隊成員。

成功的薪酬管理並非來自盲從這套系統，而是來自精確管理期望值。差勁的領導者對薪酬、獎勵、升遷只承諾一半，他們會這麼說：「我會試試……我會盡力……我會看看。」這是行不通的，因為人們聽到的跟你講的不一樣——他們聽到的是你承諾做到。等你回來告訴他們：「我試了，但……我盡了全力，但……我研究了，但……」你的一切理由都將墮入虛空，全部信譽將化為烏有。

不要遮掩事實。寧可及早展開有關期望的困難對話，也不要事後進行各種藉口的無用對談。困難對話做得好，能建立信譽和信任感，同時這樣的對話也可以很有建設性，你們共同認定這位成員該做什麼，才可實現獎金與升遷的期盼。

溝通

過去的世代苦於資訊太少，當今世代則苦於資訊過多，而更多的溝通，只讓後者的情形更加惡化。整天收發電子郵件跟開會（通常一起進行）卻一事無成，這種情形相當常見。後來出現的混合工作模式又深化了溝通的無效性。Zoom 帶來毀滅絕非恫嚇。我們整天被科技束縛，我們只是它的奴隸而非主人。

”我們比從前溝通得更多，卻無助於彼此理解。

溝通是頭巨獸，領導者必須為溝通及會議建立清晰的節奏和慣例來馴服它。減少使用電子郵件是很好的起步。一般來說，電子郵件有兩個問題：

- **沒人能透過電子郵件營造信任或理解**：如果在辦公室就請當面對談，發送郵件只是留下溝通證據的軌跡，絕非有效的工作方式。如果是遠距工作，視訊則更能提高理解，因為交談當下你可以看到或至少聽到對方的反應如何，可以馬上釐清誤解。

- **電子郵件屬於私人溝通管道**：如果一番溝通無法與對方同步進行，建議開放式交談會比封閉式的好。企業正逐步朝開放式的溝通平臺移動，例如：WhatsApp、Slack，團隊所有成員都能輕鬆進行線上對話，如此，能避免多次私下對談及無可避免的誤會。

除此之外，還需要訂定「哪些人」為「什麼事」在「何時」碰面溝通的節奏和慣例。每日的YTB站立會議，是專案管理的一個簡單方法。大家都站著，確保時間緊湊，要在六十秒內摘要三件事：

- 昨天（**Y**esterday）做了什麼。
- 今天（**T**oday）會做什麼。
- 可能會碰上什麼阻礙（**B**lock）；這裡他們可能需要你或其他成員的協助，大家可以共同討論。

你也許只需要一週開一次會，這種情況議程變為LNB：上週（**L**ast week），下週（**N**ext week）、阻礙（**B**lockers）。YTB會議對混合工作模式的團隊格外有用，大家因而得知誰在處理什麼，省下許多為了確認哪位同事在進行什麼工作的吵雜溝通，對身為團隊領袖的你也非常有用，因為能幫助你：

- 確認是否每個人都有執行你交代的工作。
- 讓所有成員擔起責任：他們昨天是否完成自己允諾的任務？
- 你能專心提供支援給需要之處。

YTB會議也許適合你，也許不。無論採取什麼辦法，務必要有對的節奏和慣例，才能好好管住那頭「溝通」怪獸。

第四章

成功技巧（一）

領導者的基本功

觀察領導者整天在做什麼，可能會覺得他們跟其他人沒什麼兩樣：與人交談、開會、發收郵件、看報告、工時不利健康。若你在公司底層，這些日常工作沒做好不會影響幾個人；反之，位居高層時，風險則會高出很多，同時差勁的會議、報告或電子郵件，其代價也大很多。所以，把平常事做得非常非常好，相當值得。

你很容易自以為能做好這些事。受了那麼多教育，我們不都很會讀和寫？作為專業人士，我們不也都知道怎麼主持好會議、做好簡報？

來想想你收過的、那些不堪入目的電子郵件，以及枯燥乏味的報告；想想那些但願你不在場的會議；想想那些被迫忍受的無聊簡報。似乎，我們自己深懂讀、寫、撰文、簡報，而同事卻不。我們需要謙卑地體認一點：我們正是某人的同事。

做好基本功的低標，是領導者脫穎而出、立下標竿的大好機會。這麼做，得先忘掉我們從正規教育學到的大部分——把商業報告寫成彷彿學校論文，跟寫出一篇充滿商業術語的商業報告一樣糟。

本章要談談如何掌握領導者的基本功：讀、寫、開會、簡報、處理數字……，不過會先從時間管理開始。時間是你最寶貴的資源，因為它就只有這麼多而已。

善用時間

時間是最珍貴的資源。時間過了就是過了，所以務必充分利用。在工作上，這表示要有策略性、戰術性地思考該如何善用時間。為此，可以聚焦於三個問題：

- 我想達成什麼？
- 如何讓他人協助我？
- 我的角色是什麼？

我想達成什麼？

關於這一點，就要回到你的構想：知道你想要達成什麼，並全神貫注，這是確保你能善用時間的最佳工具。如果不清楚自己想達成的目標，不僅沒辦法發揮領導力，同時還會浪費大量時間。不過即使你很清楚自己的構想，每天仍得處理眾多雜事，所以別讓自己被這些日常雜音給淹沒了。

如何讓他人協助我？

你有多少工作時間，取決預算與下屬人數的限制。想證明自己、凡事親為的孤獨英雄很快就會精疲力盡，壓力過大，撒手走人。與此相對，懂得尋求協助，找到後援，時間就會站在你這邊。

> **”專注在對的目標、對的團隊，並賦予自己對的角色。**

善用時間？

十九世紀，一名業餘科學家設法搭上一艘周遊列國的皇家海軍船隻。他花許多時間上岸拜訪朋友、認識新朋友，以及追尋自己對科學的興趣。數年後他回到英國，繼續消磨時光。他看來沒什麼生產力，且從沒有掌握住同時開會、查看電子郵件、發簡訊、隨時追蹤最新消息的藝術。

二十餘年過後，有人鼓勵他將那趟悠哉旅行，以及之後的閒散時期所做的研究發表問世。《物種起源》（*The Origin of Species*）這個成果改變了科學，也永遠改變了我們看待自己的角度。達爾文（Charles R. Darwin）搭乘小獵犬號之旅，是他科學遊歷最富生產力的其中一趟。達爾文沒能像當前執行長們那樣，緊湊活躍、日理萬機，但他的成就更高，因為他非常專注於自己想要達成的目標——絕對不要誤把行動當作成就。

我的角色是什麼？

誠如前述，當你有了一支什麼都能做到的團隊時，就只剩下一個問題：你的角色是什麼？你能增加什麼價值？回答這個問題，就會發現自己效能非凡。一般來說，你必須親自執行無法分派的事項包括：設定方向；挑選團隊、給予指導和支援；必要時為團隊提供庇護、爭取適當的預算和資源。

總的來說，有效的時間策略就是專注在對的目標、有對的團隊，以及賦予自己對的角色。能做到這些，就有機會獲得高效產能，卻不至於壓力過多。

時間戰術

這裡的目標不是設法在八小時內完成十二小時的工作，而是有效地在八小時內完成八小時的進度。能做到這樣，你就遠勝大部分的同儕。日常工作中大量的時間被浪費，尤其在辦公室裡，產能難以被估算，且很容易被隱藏起來。

有三種微妙的方式會讓你荒廢時間：拖延、分心、同時多工（multi-tasking）。

拖延

你藉著做些簡單、不重要或不相干的事，來逃避重要或困難的任務。表面上看來在忙，實際毫無建樹。待辦事項清單應可讓你認清這點，把難事化為簡單步驟又更有幫助。

分心

懂得善用 Office 等科技可以大幅提高效能，濫用則反之。社群媒體、新聞快訊、買賣東西，顯然都是分心項目。其中最有害的，也許是那些辦公室生產力工具，讓領導者做了不該做的事情。身為資深領導者，應該讓更上手也更便宜的人去準備PowerPoint——如果你真想投入其中，就用你的個人時間，不然就另外去找份 PowerPoint 專家的工作。

善用時間的十大妙方

一、設定明確目標：清楚這個月、這週、今天你要達成什麼。經常回顧目標，確定自己沒有偏離，並據此排定工作的優先順序。

二、列出待辦事項：把目標化為今天的行動，下班前加以核對。一定要做高度優先、困難度高的事情，而非只做簡單、沒那麼重要的工作。

三、化繁爲簡：重大任務看來總是使人生畏，想避而遠之完全可以理解，但即便是最重大的工作也能分解成小而簡單的步驟進行。就這麼辦，然後開始從解決每個小步驟開始，就不會感到太困難了。

四、運用短間隔：專注於能在三十分鐘或一小時完成的事。也許只是打幾通重要電話，不過一旦完成，從代辦事項把它畫掉，不妨就喝杯茶或咖啡犒賞自己吧！

五、休息：沒有人可以不停工作，你需要一些短暫休息，才能維持精力與專注。每小時歇個五分鐘能讓你有五十五分鐘的效率，而不是沒有效率的六十分鐘。

六、及早處理危機：隨時活在期限之前或許刺激、看似精彩，但其實那是在浪費時間——只是在救火，毫無進展。與此相對，及早完成任務，不僅能掌握大局，也有餘裕處理一切意外的緊急大患。

七、一次就做對：重做，最浪費時間和精力。努力做到任何文件、郵件只碰一次——一次解決，然後往前進。用3D法處理每封郵件：處理（deal）、刪除（delete）或分派（delegate）。

八、掌控時間：時間之賊無所不在，它會在尷尬時機以不重要的會議偷走你的時間。確保自己只在方便時機參加相關會議，其他的一律避免。

九、管理周遭：當環境一片混亂時，你的時間將在消失的檔案、桌上種種分神物中煙消雲散。

十、質疑與挑戰：審視自己的時間運用。保持紀錄習慣，檢視自己究竟做了什麼；回應各種雜音花了多少時間、浪費了多少時間，以及有多少時間是用來主動推動目標。據以調整習慣。

同時多工

同時多工行不通。上街觀察那些邊走邊傳簡訊的人吧！他們兩件事都做不好，但願你不會碰到有人邊開車邊傳訊息。

你可以一天做十件事，但不能同時間一起進行。你得一個一個來，必要時一天中來回進行。你可以依序處理多工，但不能並軌同步處理。美國史丹佛大學的研究可以佐證：我們一次無法專注超過一件事。試圖一次做兩件事，其結果是IQ減低十五分到八歲孩童的水準。切記，專注勝過一切。

演說動人

西非的班巴拉人（Bambara）是馬利最大的農業族群，大多是文盲，但他們認為文字具有神性。他們說：「文字在人心創造全新世界；文字驅動人做事；文字使人有別於獸類。」文字具有力量。班巴拉人說「文字應當如鐵匠一般鍛造，如織工一般細紡，如皮匠一般打磨」。不令人意外，他們很重視說話的節制——寧可少而好，不可為說而說。

”比起你說什麼，聽衆更會記得你這個人。

文字在商業管理中的力量，就跟在班巴拉族群一樣。我們在其他章節分別談過溝通、激勵、影響、指導，在此我們要來看看公開談話的一些挑戰。對新興領導者而言，這些展示性的活動，對人們給他的評價有不成比例的影響。有些人十分畏懼公開演說，很難在臺上發光發熱。然而，自認是天生演說家的人，往往講得更差。

無論如何，學會有效的演說技巧，對每個人都有幫助。

如何進行有效的演說？

比起你說什麼，聽眾更會記得你這個人。這道理很明白，就許多方面而言，你就是演說內容。因此，假如你說話含糊，又穿得像個流浪漢、駝背的像喝茫的卡西莫多（譯注：《鐘樓怪人》主人翁），那聽眾可能完全沒辦法注意到你演講的精彩內容。相對地，如果你能記得溝通三個E，再枯燥的訊息也能順利傳遞：

- 活力（energy）
- 熱情（enthusiasm）
- 興奮（excitement）

這三件事很難假裝，就像即席演出無法事先排練。不過還是有些事會對你有所幫助，像是：

- **丟掉講稿：**看著它看來呆板，或更糟——像個政客。試著記住開場白，以便有個好開頭；記住結論，以便有個好結尾；記住一些打算穿插的句子，可作為演說的「路標」，這樣一來既不失結構與紀律，聽起來也自然生動。
- **避免複雜的投影片簡報：**如果要使用投影片，原則就是笨的投影片搭配厲害的解說人。投影片上也許有三、四個關鍵字幫聽眾跟上你，而你為他們提供說明。最可怕的是有囊括一切的厲害投影片簡報，配上一個照本宣科、讀的速度又跟不上聽眾的笨講者。
- **身體重心放在腳尖站立：**後腳跟底下應該能穿過一張紙。重心若放在腳跟，容易駝背，削減活力。
- **上臺前先設法站著：**在演說前坐著，會導致整個人的狀態和活力偏低，如此一來，開始演說時很可能腎上腺素會突然暴衝，以致演說過度慷慨激昂。
- **與聽眾進行眼神交流：**注視個人眼睛，而非凝視場地中間。美國偉大的布道家葛培理（Billy Graham）這招震撼性極強。即便聽眾上千人，他仍會挑出某些人與其對視一陣，讓他們覺得他在對自己說話——沒人敢打瞌睡。

- **變化講話速度和音調：**來到重點時，敢於放慢速度，讓關鍵重點有被聽清楚的空間。
- **保持簡單：**專注於一個訊息，最多兩個。如果聽眾很多，專注在你希望影響到的一、兩位關鍵高層。這樣能聚焦重點，排除多餘材料，說出簡單故事。

除了上述三E，還可以補充另外兩個E來增強演說效果：專業（expertise）和享受（enjoyment）。如果你是演說主題的專家，就更能樂在其中。當你樂在其中，聽眾也可能與你同樂；如果你討厭它，就別期待聽眾會喜歡。

不妨做個實驗，先試著跟某人解釋公司的成本系統，看你會不會比對方先睡著。接著，再嘗試回顧你個人或專業生涯最值得回味的某件事，你將自然流露全部五個E：活力、熱情、興奮、專業、享受。這個簡單練習證實每個人都能演講得很好，只需要把這樣的本領轉移到大舞臺上罷了。

做好演說的十大方法

一、展示活力、熱情與興奮：假如對主題缺乏熱情，其他人更不會對此產生熱情。為此，享受你的演說，別人就有可能也享受其中。

二、鎖定演說對象：弄清楚你的談話對象，他們有必要聽到什麼，為什麼他們有此必要，這會讓你濃縮簡化你的訊息。聽眾人數龐大時，把訊息聚焦於你最想影響的一、兩人。

三、說故事：讓聽眾知道：「我們現在在此、我們將要到那裡，而這是我們抵達那裡的方式。」從一開始就把故事說清楚。鎖定一個簡單主題，讓大家都能清楚記住。

四、吸引觀眾注意：最起碼，一次與一人四目交接，輪流顧到全體。更好的作法是與觀眾進行交流，有問有答，也可以帶領小組活動。

五、保持簡短：你的演說並非等你沒得說了才結束，是當你不能再少說任何內容時結束。為你的目標聽眾專注於最核心的訊息。

六、捨棄PPT：非用不可的話，請讓厲害的講者搭配笨的投影片，讓投影片寥寥數語，由你使它活靈活現。不要顯示一堆資訊的厲害投影片，配一個讀很慢的笨講者。

七、準備時尋求協助：找尋教練，以了解聽眾屬性及他們想要什麼。找編輯審閱你的投影片。必要時，請人指導演說技巧、幫忙潤飾講稿。

八、練習、練習、練習：愈常演說，講得愈好。同樣的演說多說幾次，就會更專業、更有自信，也就能放鬆享受演說的過程。

九、提早抵達：確定所有後勤到位、室內布局妥當，備用電腦或記憶卡備好。與主持方最後確認你的期望沒錯。了解你上臺前的狀況，必要時調整演說內容。

十、善始善終：寫下開場白，不管如何緊張都可以漂亮開場。寫下結尾詞，以便精彩收場（而非「各位有任何問題嗎？」）。也寫下一些串場的句子，用來標注每個段落的始末。

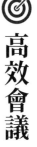

高效會議

會議是工作或職責的理想替代品，也是商業管理的精髓——得花時間，但可產生強效。因此高效會議非常值得，可減少時間浪費，把效能推到極致。現在，來想想你得參加的會議裡，真正有效的比例如何。也許你運氣不錯，那就可以直接跳到下個章節。然而，你可能跟大多數經理人一樣，發現那麼有限的一天，卻有太多時間淹沒在效率低落的會議中。

> **會議就像各式甘草糖，形狀大小各異。**

會議就像各式甘草糖，形狀大小各異：從非正式的一對一到大型會議，從董事會的正式決策到員工們的腦力激盪。礙於篇幅有限，為了保持本書的精簡和理智，讓我們暫且跳過探討各種會議風格的時間和地點。

要進行高效會議，需涵蓋三項原則：

- 目的正確。
- 與會人員正確。
- 流程正確。

為了描述何謂高效的會議流程，我們將損失許多森林（編按：此為作者的玩笑話，意指需要很多篇幅，會浪費很多紙張）。讓我們拯救一些林地，專注於正確的與會人員與目的。做到這些，便走在成功之路的八成遠了。反之，沒做到，就百分之百走向失敗之路。

我們先以實體會議探討這些，再看看混合式會議帶來的特殊難題。

正確的與會人員與目的

迪恩是我的導師之一，某次在令人神智麻木的一整天會議下來，他仍顯得興高采烈。我問他有什麼毛病，他應該要和我一樣不開心才對。他說，他參加任何會議都有三項原則，這讓他無論是擔任主持或單純出席，每次都能帶來理想結局。

從那時起，這些原則成了我的積極指南，以確保每場會議都是正確的對象與目的。這些適用於任何會議的原則是：

- 我想學到什麼？
- 我能貢獻什麼？
- 下一步是什麼？

現在，來看看迪恩的這些原則，如何實際應用在參加及主持會議。

參加會議

迪恩參加那次全天會議時，心中自有議題，而那絕非官方版的議題。會議中有三位他一直想找機會聊聊、卻始終難以接近的人物。他想從他們身上得到一些資訊與想法，這是他的「學習原則」。他也知道，這次會議是一次大好機會，能影響執行長對某項議題的觀點。他靜待時機，來到那項議題時果斷切入。由於他不輕易發言，一開口即引起注意——他完成了「貢獻原則」。因為清晰的學習和貢獻目標，他有了一連串與執行長和那三位人士的「後續行動」。其他人沮喪地離開會議，因為正式議程什麼都沒達到；迪恩則神采飛揚，因為他來時抱著清楚的意圖與目的，且都順利達成。

主持會議

迪恩也將這三個原則用在他主持的會議上。他以此決定誰該出席、期待所有出席者都能有貢獻，而且大家透過後續以及學到寶貴的新知而有所作為。參加者不是有決策權，就是具備特定專業或握有某些資源，全都能做出貢獻。

壓下那股想從數量尋求安全感的誘惑——人多效率差。高階與會者想帶著跟班出席，細節都在後者手裡；跟班們想參加，好能在管理高層前面露臉。如果高階與會者沒能掌握細節，就不該出席，甚至不該坐上高位。

❞壓下那股想從數量尋求安全感的誘惑。

你甚至可在執行高層身上看到這種以量取勝的心態。事實上，會議討論常演變成執行長與個別董事之間一連串的雙邊交談，每位董事都是互保協會的正式成員，加入此協會的唯一原則是「你不犯我我不犯你」，因此沒有眾人討論，而是董事各自與執行長較量智力，其他董事冷眼旁觀，等待輪到自己。

迪恩不讓這種情況發生。他的三個原則不僅用於整個會議，也適用於個別議題。若某事由雙邊處理最好，他就不會帶到大團體來，因此他所主持的會議總是小而有效率。此外，由於每個人都知道這些會議效率高並跟自己切身相關，因此也都樂於出席。

流程正確

適切的與會人員和正確的目的，是高效會議的基本。此外，流程對於提高效率也至關重要。高效會議與英國BBC廣播節目「就一分鐘」（Just a Minute）秉持同樣的規矩。該節目的目標是用一分鐘談特定主題，不能猶豫、離題、重複。雖然這非常困難，但同樣原則也該用於會議程序，讓它進行地沒有猶豫、重複或離題。

猶豫

猶豫是開始延遲的產物。高層人士最後現身或遲到幾乎是必然，以證明他們十分忙碌、時間比各位的寶貴，所以其他人等是應該的。

也許他們正在回覆郵件或練習五弦琴，但他們仍要你等。這種無禮很常見——顧客對供應商、專業人士對客戶、客服中心的員工對來電者、經理對員工，都會這樣做。忍耐吧！不然就在辦公室放個時鐘，至少讓沒那麼無恥的人略感不安。身為領導者，你要以身作則：準時開始，展現時間極為寶貴，讓每個人都受到尊重。

> **”會議要準時開始，展現時間極為寶貴，讓每個人都受到尊重。**

猶豫也來自鬆散的時間表。為此，把會議時間盡量訂短，以推進速度。不見得要坐著開會。每次都由英國女王主持的英國樞密院就是站著開會，即便後來她年過九十，依然如此，因為這是讓滔滔不絕的政客扼要發言的好辦法。

有些時候你絕不能遲疑。絕對別讓打岔干擾。領導者要保持絕對的專注，這點是我在經常斷電時期的馬尼拉所學到的教訓。第一次碰到時，室內一片漆黑，我猶豫了；大錯特錯。再次碰到時，我彷彿沒事般繼續報告，最後，討論在一片漆黑中順利進行。

離題

離題是延遲的常見原因。人們容易胡聊瞎扯或鑽研小細節，而好的主持人不會允許這種情況發生。如果在會議開始前先設下「就一分鐘」的規矩，就不難質疑那些離題者，你甚至可在會議中計時。最起碼，要大家發言前先給標題，就像報紙專欄一樣。標題讓眾人知道是否值得閱聽，迫使講者漫談之前想清楚自己要講什麼。

重複

重複通常發生在某人自認大家沒聽清楚他講什麼，於是不斷回到同一點，一而再，再而三的說明。聽眾的翻白眼、不可置信的表情，再度證實這位重複者的信念：「是的，大家確實沒聽懂我的重點。」碰到有人重複時別翻白眼，用你的話解釋一遍，看對方聽得對不對，這可以讓他們知道你有聽進去，也許就可讓他們閉嘴了。萬一他們繼續重複，就重複用你的話再次解釋。再遲鈍的人應該也明白人家聽到了自己不斷在重複。

除此之外，對的環境有助於對的流程。陰暗、雜物一堆很不妥。不必按照原本的座位擺設。多年安排會議下來，我已成為移動家具專家，因為座位安排影響到會議進展。準備茶與咖啡很棒，但後方飄來熱食香味則會讓聽眾跑光光。最後，用心研究要做哪些事前準備，能讓這場會議對你和與會者來說，發揮出最大的作用。

成功的混合及遠距會議

與面對面開會相比，混合及遠距會議沒有比較好或比較壞，不一樣就是了。如何從這不一樣中得到最大效益，就是一個挑戰。一般來說，混合或遠距會議的一些好處包括：

- 比較能邀請到適合的與會人士，不論他們在地球的哪個角落。
- 比較能準時開始和結束。
- 通常打岔比較有經過思考、有架構、有重心，較少閒扯。
- 比較容易進行分組討論。

然而，很多人覺得視訊會議讓人緊張。這不意外，你可能整個會議下來就只盯著自己，這很不自然。之前你什麼時候參加過會議，從頭到尾近距離望著鏡中的倒影？而當你瞧著同事，每個人都像貼在眼前，因為他們離鏡頭太近。

另外，我們常會從一個Zoom會議瞬間切換到下一個，這真是超級不自然。在辦公室，會議之間往往需要五到十分鐘的轉換，而這並非浪費掉的緩衝時間，這段光陰其實相當寶貴。事實上，當你從這個會議地點走到下個會議地點，可以完成很多事：從前一個會議解脫出來，重新對焦；為下一個會議做好心理準備；也許你去一趟洗手間或端一杯咖啡；在走廊上跟某位同事迅速交談幾句；跟另一位與會者用一分鐘瀏覽某項重要議程，找到一位同夥或化解一名對手；心情上煥然一新。與此相對，當視訊會議無縫接軌時，這一切無從發生。**無縫接軌似乎極有效率，實際上效率很差**。

除了無縫接軌帶來的挑戰，視訊會議還有其他架構上的困難：

- 會議前後很難有非正式的交談，而那往往是完成最重要事情的時機。
- 真正混合式的會議包括現場和遠距與會者，這表示遠距者通常是「二等公民」，因為他們無法捕捉現場非正式的肢體語言，也很難插手干預。

- 腦力激盪和意見蒐集比較困難。
- 建立信賴和情感交流更加困難。

話雖如此，但其實遠距會議跟其他會議一樣，都要問這三個問題：我會學到什麼、我能貢獻什麼、後續我能做什麼？以下方框中的內容，列出當前遠距會議最佳的十大作法。

提高遠距會議效率的十大作法

一、安排五十分鐘的會議，而非一小時：這讓大家有時間休息一下、喘口氣，為下個會議做準備。

二、打開鏡頭，全神貫注：關掉鏡頭，無異於頭套紙袋去開會，沒人知道你在做什麼，他們可能都猜你在練五弦琴或更糟。

三、善用靜音鈕：沒人真想一小時聽你家的洗衣機、狗狗或小孩的聲音，不論他們多麼美妙。

四、依所需整理螢幕：你真想成天盯著螢幕中的自己嗎？需要的話，可以讓自己從螢幕消失。此時你無法自我檢查臉部表情，但能更專注在同事身上。

五、有意識地選擇視訊會議的背景圖，以建立情感交流：讓這背景圖引人入勝到想要向你探問，由此展開非正式交談，對方也能藉此相對地揭露某些自我。未曾見面的前提下，這是了解他人的不錯方法，也有助建立情感連結。某位執行長就曾嘆道，遠距工作讓她很難解僱員工，因為她很清楚這將對此人的生活造成多麼嚴重的影響。

六、善用聊天功能：可在正式會議流程之外，輕鬆找到某位同事提問，了解他們的立場及觀點。

七、避免有人在公司、有人遠距的混合會議：這種場域並不平等，會造成兩種層級，造成不公平的情況。

八、根據討論主題慎選開會方式：腦力激盪、意見搜集，最好是透過面對面；比較正式的會議，則當面或遠距都可以。

九、仔細準備：遠距會議很難做出即時干預，為此事先弄清楚自己想在哪些地方留下影響。妥善準備，表示你要安排那些關鍵的私下對話，就像會發生在當面會議現場週遭的那種；在虛擬會議前後，直接致電與關鍵人物聯繫。

十、確保有專業的設備：疫情之初，學走路的嬰孩入鏡而毀掉會議很好笑、連線太差很容易被原諒，如今遠距工作模式已成常態，在家工作也要拿出與在辦公室同樣的專業水準。

書寫明晰

好的商業寫作，是與軍事情報、社會服務、總部支援（其他還有：民眾僕役、控制中的混亂、輕鬆支付、集體責任、委員會決定、工作保障、高檔披薩、非酒精啤酒、客觀意見、魅力攻勢、權宜之計）相提並論的矛盾修辭之一，絕對是一種「照我說的做，別照我做的做」的情況。我們都無法寫得像我們心儀的小說家或劇作家那樣，但最起碼，能讓同事免於忍受他們不時加諸於我們的胡說八道。

多年來我被一位不斷撕毀我作品的編輯痛批，最終我搞懂他一直逮到我不斷破壞又時常為之的五點寫作規則：

- 為讀者而寫。
- 說故事。
- 簡單扼要。
- 內容與風格積極正面。

• 拿事實支持斷言。

以上聽來簡單，實則不然，這需要徹底的專注與自律。

為讀者而寫

每天面臨潮水般湧進的電子郵件，你可能偶爾會懷疑，為何要花這麼多時間在這麼多瑣事上。大部分並不是針對你，而是基於「萬一」有此需要，所以順便附件給你。但確實有些是寫給你的，即使可能寫得不好，拼字有誤文法很差，你還是會讀，因為它們與你的需求利益有關。

好的寫信者會站在讀者的立場思考，為對方而寫。這樣的前提下，明確與焦點自然產生。你可以丟掉你想寫的大部分，專注於對方需要看的。小心，別掉進為自己而寫的陷阱。

說故事

不需要像幼兒故事或冒險傳奇那類故事。所謂用商業術語說故事，意思是把事實彙整出有一貫的主題，涵蓋起頭（問題或契機在此）、中段（細節在此）和結尾（於是我們要怎麼做）。這故事要能通過「電梯考驗」——能在一趟快速的短程電梯裡摘要給老闆聽。說故事的好處，是能刪除所有干擾訊息的雜音。

> **說故事的好處，是能刪除所有干擾訊息的雜音。**

想想你每天收到的所有訊息，其實只記得標題，不記得細節。為此，先專心寫好標題，再彙整最少最少的必要資訊作為補充。

簡單扼要

戰爭期間的英國首相邱吉爾寫了一封長信給妻子克萊門汀（Clementine O. Spencer-Churchill），信末附帶一句：「抱歉寫了這麼長，我沒時間寫短信。」寫短文比長文難多了，這需要真正的精神紀律。

寶僑公司曾是單頁備忘錄的發源地，新進的品牌助理必須用一頁文字，摘要出該品牌兩個月來的全部進展。也許是單行距且沒留邊，但所有人都嚴守同樣紀律。這迫使撰寫者專注於真正重點，不拿廢話混淆閱讀者。

> ”文件好比鑽石，需要優秀的切割才會閃亮。

另一個有助讀者的事情是：言簡意賅。行話術語、花俏文字、複雜語句，滿足的是寫的人而非讀者。文件好比鑽石，需要優秀的切割才會閃亮。你的文章不是在你沒東西可寫時結束，而是收尾於你無法更加精簡時。

內容與風格積極正面

人們喜歡聽到機會與解方，不想聽到問題與難處，所以保持正面、語調積極。典型的官僚陷阱就是以被動語氣、第三人稱作文：「那已被證實：下列二十七點被認為……」會讓你的雙眼因乏味而呆滯。

拿事實支持斷言

機警讀者的「胡扯警報器」，在碰到像以下這類模糊的「特效字」（power words）時，會發出尖聲警告：

- 重要（對誰？為何？）
- 策略性（升級版的重要）

• 緊急（對我來說不是）

別用模糊不清的特效字，除非你能具體說明。如果重要，證明原因，請以事實支持斷言，可以附上圖表、範例、引文來支持所言。沒有證據的斷言，永遠引人討伐。

讀懂內幕

問題來了：你正在讀這一章，那當你已在閱讀時，到底為何還需要學習如何閱讀？為樂趣閱讀，跟為工作閱讀是不同的。我希望你讀本書能有些樂趣，就算你不是自虐狂。但我假設你是為了工作而讀，在此我送上我的同情。為了致意，讓我說則故事給你聽。

抱著偏見閱讀

我們都坐在這間復古風的合夥人辦公室。我們都曉得其他合夥人在做什麼；不需要電子郵件，我們有耳朵。我們絕大多數都心思敏捷，除了薩利姆，他的腦袋以三腿騾子的速度運轉。但員工都愛他，認為他比我們其他人更聰明，這讓我們深感惱火。

有一天，我注意到薩利姆在做些筆記，就問他在做什麼。「我有幾位助理同事要來，給我看一份我還沒看過的文件初稿。這是他們的一個小測驗，看我能不能提供任何意見，是不是聰明到能看懂他們的高明草稿。」

我陷入思考。我一直以為，助理同事拿草稿來是我們考他們的機會。我發現薩利姆是對的：他們也在考我們這些合夥人能否為他們加值。我問薩利姆，既然他沒看過草稿，那為什麼要寫筆記。

「很簡單，」他說，「我在第一次看某個文件或聽簡報前都會記下三件事。第一，寫下我對該主題的觀點。我不想被他們的邏輯牽著走。他們的邏輯愈好，就愈難提出質疑，除非你早有定見。我讀東西不是全然開放，而是抱著偏見。所以我會是比較好的評論者。」

「哎喲，」我想。我總是不帶成見地閱讀，但也一直發現自己很難超越眼前那些邏輯的精妙。接著我又問他還寫了些什麼。

「第二，我記下我認為他們應涵蓋的所有題材。所以我能指出最難指出的部分——不存在的東西。每當我看出這種隱形縫隙，總讓他們感到吃驚。」

「最後呢？」我再問。

「我簡短記下想告訴他們的指導要點，」他回答。「也許是寫作風格、分析技巧、資料報告，任何方面。當我能建議些積極實用的東西，讓他們回去自己練習時，他們都很高興。」

頓時，我領悟自己從沒學過怎麼閱讀。我總是像個空瓶，等著人家用思想灌入。讀小說時，這是一種愉快的方式，但就商業管理而言，卻值得懷抱偏見、預存想法去讀，因為這樣可以：

- 知道自己的觀點。
- 知道自己想看到什麼。
- 準備好一些指導面向。

當然，你不可能這樣看待所有電子郵件，可能也不希望以此破壞為娛樂而讀的部分。但如果眼前的會議、報告或文件很重要，就值得好好準備。當然，在看文件或聽取簡報時可能另有發現，但至少現在閱讀時你會有所預期。

不可避免，那些原來就心存目標的讀者可能會想，這個談閱讀的章節為何遺漏一個重點：速讀的藝術。原因是我的個人偏見：認真讀一點，勝過隨便讀一大堆。

”認眞讀一點，勝過隨便讀一大堆。

解析數字

經理人運用統計數字，跟醉漢用路燈一樣，是為了獲得支持，而非照明。數字是可彙整來支持某項業務的大量事實，它們極少是客觀的，全都可予以操弄——政客比誰都清楚這點。

> **”經理人運用統計數字，跟醉漢用路燈一樣，是爲了獲得支持，而非照明。**

數字遊戲在電子試算表來到了極致。試算表出現之前，高階經理威嚇初階經理查對數字，高階經理很快地增加幾欄或行，若加總不等於一百，就開始查核。試算表摧毀這種恐怖行動。欲分析試算表，數學不再需要很好，大部分的試算表其計算程度比多數經理人更快更好。然而儘管數字正確，思維卻往往不然。**處理試算表需要好的思考，不是好的數學。**對許多天生數學不怎麼樣的領導者來說，這個消息令人非常振奮。

許多試算表的建構始於右下角，就是目標結果通常的位置。若試算表旨在繳出十五%的利潤率，或英鎊一千萬的利潤，則結果絕對就是十五%或一千萬英鎊，還會再多一點以防萬一。我們用試算表調整假設，直到出現正確答案。

換言之，審核試算表需要挑戰思考，而非數字。為此，有三個問題不能不問：

一、**創業投資家問題：**試算表背後是誰？你相信這份試算表的程度，就跟你信任背後那人一樣。來自從不食言的A級經理人的B級試算表或提案，遠比B級經理人準備的A級試算表可靠。如果是你準備試算表，不妨請幾位A級經理人相挺，借用他們的信譽。

二、**銀行家問題：**這是典型的「如果會怎樣」問題，可測知試算表的敏感性與假設。從大的假設開始：利潤率、成長、市場規模、成本、所需資金。不用擔心咖啡機成本這類細節（除非是賣咖啡機），它們對分析沒有影響，即便你能透過指出這類小假設有誤，以證明自己非常聰明。

三、**經理人問題：**每個企業或部門經理人都知道其該領域的關鍵比例及數字，這些神聖數字也許關乎產量、利用率、單位成本、利潤率，或其他任何指標。你會知道你負責哪些部分的重要預算數字。審核試算表時，就直接看這些數字是否合乎現實。若數字簡直像來自外太空，就打破砂鍋查到底。

以上這些問題都不需要計算能力，但絕對需要清晰的商業思維。認真提出這些問題，人們就會視你為試算表之王之后，即便你根本很討厭數字。

第五章

成功技巧（二）

二十一世紀領導者的困境

無庸置疑，我們正處於領導力革命之中。二十一世紀的領導力不同於二十世紀，其中科技只占了一點影響，主要是源自工作本質的改變。疫情和遠距工作模式的興起不是造成革命的根本原因，卻大幅加速了它的腳步。

命令與控制的終結，是這場領導力革命的核心。過去，領導者透過他們控制的人手完成使命，如今則必須透過你無以控制或不想受控制的人。對領導者而言，失去強大正式的掌控力改變了一切，而疫情又加速了這種考驗。若說辦公室的專業人士不想受到控制，當你成天看不見聽不見他們時，就更難加以掌控。當你連屬下是否穿著褲子都不曉得時，很難下達命令與控制。

總的來說，這場領導力革命有四個潛在驅動力：

- **勞動力的專業化**：教育水準來到新高——勞工能做得更多，卻也要求更高。舊有模式是：老闆動腦，勞工動手，而這顯然不再管用。身為領導者，你不能再「要求」忠誠，而是要設法「贏得」忠誠。
- **員工選擇**：終身僱傭已然過去，家族式企業、單一企業城鎮已步入歷史。公司或許要求熱情與忠誠，但不會表現出來。如今員工有所選擇，如果不想為公司或老闆做事，自可另覓公司或老闆。領導者失去了強制力，取而代之，你必須仰賴影響力與說服力。

- **全球化與專精化：**在以往，公司宛如中世紀高牆圍起的城市，完全可以自給自足。慢慢地，專精化隨著全球化而來，公司僅專注於所長，其他的則外包出去。這樣的效率很高，卻也表示身為領導者的你，現在得仰賴無法控制的夥伴、供應商及通路。
- **精實矩陣：**昔日依功能架構的金字塔一去不返，現在都屬於某種矩陣，要靠同事合作才能成功。影響力、說服力、信任及偶爾的戰鬥，才能帶來成功。

上述結果，使得領導力的本質發生了改變。你不太可能只在一家公司穩穩的工作，因為隨著升遷要承擔的權力也會擴大。為此，必須做到以下：

- 管好自己轉換跑道的職業生涯，不然就成立自己的公司。
- 學習、更新核心能力，以維持競爭力。
- 以影響力、說服力、創造力和信任的人脈網絡，來取代命令與控制。

- 以人際及政治技巧，取代深厚的技術能力——這已然過時，或被人工智慧所取代。
- 安然面對模糊、變化與挑戰，這是科技與傳統經理人難以應付的。
- 學會帶領不願被管理的高技能專業人士。

二十一世紀的領導比過去艱難許多，卻也更有收穫。本章將告訴你該如何迎接二十一世紀的領導挑戰。

帶領專業人士

過去，領導者被視為辦公室最聰明的人。現在好消息是，你不需要是那個最聰明的人，你的職責是把最聰明的人找來。做好這件事，就能領導一群跟你一樣或更聰明的人。你不再需要帶領工人，而是必須帶領專業人士。

專業階級的興起，徹底改變了領導力的本質，使得領導必須從命令與控制轉為合作與承諾。

> ”把最聰明的人找來，做好這件事，就能領導一群跟你一樣或更聰明的人。

管理專業人士的第一個挑戰，是他們不喜歡被人管。許多專業人士不怎麼尊敬主管，他們認為主管基本上是在干擾他們做事，甚至認為自己比你更勝任領導的工作。

至於第二個挑戰，是專業工作都十分模稜兩可，不像計算製造或賣出幾個產品那麼簡單。這就好比在準備投影片簡報，其頁數五到兩百頁都有可能，因為總還有一個趣聞要說、還有個觀點要談。在這之下，績效管理實在很難。

但還是有好消息。大多數的專業人士是……專業的。他們傾其所有把事做好，大部分的人都非常投入，希望超出目標。也許他們要求很高，卻也成就不凡。有鑑於此，以下是管理專業人士的十種方式：

一、**敦促他們**：專業人士是天生的超高成就者，要讓他們超標、學習、成長。無所事事會很危險——他們將變的無聊難搞。

二、**設定方向**：專業人士不尊重軟弱的經理。設定方向，清楚指明你們將如何達成，堅持不輟。

三、**保護團隊**：讓他們專注於能有作為之處。提供遮蔽，使他們不受政治、例行垃圾、日常雜音的干擾。做好這一點，他們甚至會感謝你。

四、予以支持：提供妥善資源、適時支持、正確目標，讓團隊邁向成功。

五、表達關切：花時間給每一名成員，了解他們的需求與期待，協助他們發展職涯。

六、避免意外：別在評估時刻讓他們感到意外，如此將會失去所有信賴。及早展開困難對話，好讓他們及時調整。

七、予以肯定：專業人士自尊很高。滿足其自負，公開讚許優異表現。絕對、絕對不要在眾人面前貶低他們，困難對談要在私下進行。

八、分工授權：不確定時，把一切分派出去，別讓他們把問題丟回給你。指導他們自行解決難題，他們將學會並成為更有價值的團隊成員。

九、設定期望：有的專業人士想立刻拿到一切，有的想早一點拿到更多。關於獎金、升遷的任何暗示都會被視為百分之百的肯定。為此要具體講明，前後一致。

十、少管一點：信任團隊，走動式管理。採用微型管理表示缺乏信任，這只會造成他們的不滿。予以信任，他們自會迎向挑戰。

總之，管理專業人士的精髓是：管少一點，引導多一些。

管理上司

在過去，只需要管好部屬，所以現在這個可能有必要管理上司的念頭，對你來說，或許荒唐至極。畢竟老闆就是老闆，你就是得接收他們下達的命令——這種信念如今仍反映在一些管理學教材和訓練課程，強調著領導者應怎樣管理團隊。

然而實際上，今日若想成功，就不能仰賴老闆的善心來決定自己的職涯，而是必須向上管理——管理老闆，確保自己獲得對的任務、有適當支援，與成長晉升的良好契機。

”管少一點，引導多一些。

工作要有效率，就得管好上司，因為他們有權讓你日子好過或難過。他們是你職涯中最重要的人物，你也清楚這點。很遺憾，老闆們並無使用手冊，碰到壞老闆也無法退還。面對這種不平等權勢，你有責任弄清楚如何跟老闆建立好關係。你得適應他，因為他大概不會適應你。

”學習管好老闆是領導力技能的一大測試。

事實上，我們大多花更多時間在思索如何管理上司，而沒那麼在意如何管理部屬。這很合理，比起部屬，老闆對我們的福祉和職場生存更加舉足輕重。你也絕對可以相信，你的部屬也花相當的力氣來研究該如何管好你。

學習管好老闆是領導力技能的一大測試——這是極致的領導力。你得在風險很高又欠缺正式控制權的情況下學會管好上司。這種領導力沒有安全網，但假如能管好老闆，就幾乎能把所有心得應用到部屬管理和其他地方。

原則上，你應該可以藉由跟老闆坐下來、正式交換對期望值的看法進行向上管理，這將奠定雙方對於績效和彼此共事方式的期待。沒錯，理論上來說世界上的每個人都有和平共處的可能，然而事實卻跟理想差距甚遠。為此，無論老闆是怎樣的人，你都必須扛起管理這段重要關係的重責大任，可以從三大原則著手進行：

- 調整自身風格。
- 建立信任。
- 備妥B計畫。

調整自身風格

你也許喜歡你老闆的風格，也許不喜歡，但放心，老闆絕不會因此改變他的風格。如果你不喜歡老闆，問題在你；如果老闆不喜歡你或你的風格，問題仍然在你。無論如何，得找出與老闆風格相容的工作方式，但這並不表示你得模仿他——萬一他是個心理變態，你可不想也成為心理變態，對吧？

公司的員工手冊包含一切，卻沒有你最想知道的那一樣：如何管理上司。你得自行摸索出可行規則，按部就班。舉例來說，如果你的老闆一大早狀況最佳而你卻喜歡賴床，你有兩個選擇：繼續賴床，或與老闆好好共事。假如老闆慣用演繹思考（從原則到行動），你可以堅持歸納推理（從證據到結論）使他們分心。你們的思考方式或可平衡彼此，效果奇佳，但首先，得用一種能跟老闆產生共鳴的方式表達想法。

老闆跟部屬之間的摩擦往往出於行事風格，卻被老闆以「績效問題」掩蓋。當你們的風格衝突，老闆對你就有不同的看法。多數時候，老闆們願意提供支持——當然，前提是你被假定為無辜，且也對狀況做了相對的解釋。但萬一有文化衝突，無辜假設可能立即變成有罪假設，接著老闆就會從負面角度解釋整個狀況。你的成功受到漠視，挫敗則被放大且遭認定是你自己造成的，如此很快就會全盤失控。所以，你必須有所表現，但必須配合老闆的行事風格表現。

建立信任

所謂的「信任方程式」如下：

$$T = \frac{C \times I}{R}$$

T是指信任（trust）、C是信用（credibility）、I是密切（intimacy），R則是風險（risk）。當工作夥伴是老闆時，信任公式的解釋如下：

- **密切：**這不僅是表現出你同意老闆的價值觀和優先排序，更關乎忠誠與否。實際上，犯錯大多可以原諒，不忠則萬不可赦。不忠並非只是對老闆刻意破壞，還可以簡單到，例如：當他需要支援時你沒挺身而出、搶走他的風頭或掩其風采、當著他人的面加以譴責。
- **信用：**說到底，你得有所表現。如果你的不稱職獲得冠軍，那不管老闆多喜歡你，你還是必須走人。換言之，必須及早跟老闆展開困難對話，例如，假設老闆交給你一個案子而你自認無法在規定期限內完成，馬上展開對話，別在之後才拿各種理由嘗試延展。案子出了錯，及早告知老闆，以便能及時採取補救動作。當老闆屬於那種「別給我問題，給我解決方案。你是解決人物還是問題人物？」類型，這並不容易，而這正是蘇格蘭皇家銀行崩潰前的文化：壞帳的問題沒人敢聲張，直到爛攤揭曉、納稅人被迫相救。信用關乎設定期望，以及是否能實踐這些期望。

- **風險：**老闆都痛恨意外，不僅因為意外鮮少是好事，更因為那表示老闆未能掌控全局，這對他們自然大為不利。設法讓老闆在任何時候都顯得大局在握。不只是專案進展報告而已，也包括分享資訊。老闆最恨在同事面前尷尬地發現，你曉得的事情但他們卻不曉得。

備妥B計畫

所謂的A計畫就是跟老闆順利合作，而萬一情況不如預期時，就要有B計畫。

在A計畫中，要知道自己怎麼能有所作為。協助老闆的一個方法，是幫他們清除例行雜事、處理組織裡的日常雜音。這也許不會幫你加多少分，但如果老闆深陷這類瑣事，你也不會受到賞識。假如這是你全部工作，你將是團隊中有用但不起眼的一員——你需要被視為領導者。要想展現領導才能，得找到一個讓你能夠著墨的任務，你需要一戰成名。然而這十分艱鉅，絕對不在你的舒適圈，因為這是讓你充分學習、快速成長的任務。

> **”你需要一戰成名。**

為此，你需要B計畫。萬一沒有事前準備，就得完全仰賴老闆鼻息，而這正是多數博士生的命運，他們發現自己成為教授的簽約勞工，未來全然得仰仗教授。當然，有個你能夠信賴、全力予以支持、下回組織變革動不到他的強勢老闆，一輩子仰賴他也很好，只是這些情況幾乎不可能長存。

這個B計畫僅僅關乎在公司內外建立人脈。公司內，這種人脈會告訴你哪些主管及專案很棒，以及死星（death star，編按：《星際大戰》系列電影中的虛構太空要塞，為戰鬥之處）老闆與任務又藏在哪裡。別任憑組織正式的分配體系擺布，**設法讓自己在心儀的主管及專案前顯得亮眼有用**。當死星接近時，披上哈利波特的隱形斗篷，務必表現出勞累過度、在現職上不可或缺。

積極經營公司外的人脈，想辦法認識這一行的其他人，可能包括你過去的共事者。如此一來，萬一你需要立刻離職，外部人脈就可能是你的安全網。相較於廣告與獵人頭公司，六十五到八十五%的工作其實來自於人脈。

作為職場教練，我聽許多當事人大肆抱怨他們的老闆。然而，最終你得為自己的職涯負責，要不就配合老闆，不然就去找能好好共事的老闆。抱怨老闆有療癒之效，卻無實際作用。

建立影響力

所謂的管理，過去是指透過他人成就任務。來到二十一世紀，管理變得更加有趣也更為艱鉅，如今它是透過你不能控制、甚至不喜歡的人來完成任務。

昔日世界，管理者掌控成事所需的資源，而在組織扁平、工作外包的世代，領導者不再能掌握成事所需的資源。領導力挑戰加劇了管理挑戰，領導者必須帶領自己不能掌控的人，一同邁向他們自己無以企及之境。

”領導者必須帶領自己不能掌控的人，一同邁向他們自己無以企及之境。

那麼，要如何影響你無法掌控的人呢？最簡單的答案，是透過金錢或特定權勢（referred authority）加以間接控制。錢不需多言，只要有預算，就能把任務交給你不能正式控制的人；特定權勢，則是指食物鏈高層的某位老闆——大老闆要這個，所以你必須配合。此外，技術專家也扮演各種權勢角色，例如：你必須執行，因為健康安全、法律或人資說你必須。然而，金錢和特定權勢只有短期作用——得到對方的配合，卻沒有獲得對方的承諾。

”你必須是大家想要追隨的領袖，而非不得不服從的領頭羊。

特定權勢的效果有限，且會導致憎恨，最終引起反效果。同樣地，你不可能有拿不盡的錢買到影響力。為此，得找出其他管道，在你能控制的場域內外打造影響力，且持續不墜。

有兩項工具能幫助你打造影響力。首先，要有清晰、與他人切身的工作事項；第二，要與關鍵人物建立信任。在談掌控部門時，我們已經提及工作事項制定的重要性；要推廣你的影響力，這點同樣重要——要有明確的工作事項。

若沒人知道你在做什麼，你就會被忽視，反之，若你所推動的工作事項對整個組織都很重要且息息相關，就沒人會忽視你。一個明確的工作事項至少能在四個方面幫助你，因為它：

- 讓你的能見度擴及部門之外。
- 幫助你決定投入及避開哪些戰役。
- 讓你知道該影響哪些人，使其成為夥伴。
- 幫你全神貫注於真正的優先事項。

反過來說，沒有明確和相關的工作事項，意味著你成為隱形人，不知應投入哪些戰場、該影響何人或什麼是最主要的優先事項。**明確很重要，相關性也很重要。**

在此相關性帶出這個問題：我的工作事項與誰相關？如果與工友相關，那你可能就有個感恩的工友與你共同打拚；如果與執行長及董事會相關，就會忽然發現公司這部機器整個動員起來支援你。因此，要好好慎選你的工作事項。

當有了預算、有明確相關的工作事項和特定權勢時，就能獲得配合。你跟同事本質上進行著一連串的交易，這些工具讓你通行無阻，但很多時候你未能握有這些工具，那時你不能強迫人家配合，得贏得別人的自願支援。你必須是大家想要追隨的領袖，而非不得不服從的領頭羊。

建立信賴

信任在此非常重要。你曾想為哪個你不信任的人做事嗎？你也許曾為你不信任的人做事，這就是人生，但很少人會樂於如此。當你獲得信賴，就從「贏得一連串交易」來到「擁有一段即便情勢艱難也能共同突破的關係」。那麼，要如何成為受人信任的領導者，如何建立信賴呢？可以試試這樣說：

- 「好，約翰，我是很直率的……對我好些……當然，我是很誠實的。」
- 「我想跟我打過交道的人，多半都認為我相當直率，而我確實如此。」

第一個例子是英國前首相布萊爾談他在伊拉克戰爭的角色；第二例，他在說自己接受一級方程式老闆捐款的決定（兩例都見於BBC訪談）。況且不論這些例子的功過如何，聲稱自己誠實可信，恐怕是令人感覺不誠實且不可信的最好方式。**你不能要求別人信任你，而是你必須值得信任。**

我們可以用一個簡單的公式，來思考何謂信任。這個公式就是我們在上一節已經介紹過的，如下：

$$T = \frac{C \times I}{R}$$

T＝信任

C＝信用

I＝密切

R＝風險

先別管這公式在數學上是否正確，它要講的是：當你擁有愈高的密切度（有共同的興趣、需要、價值觀）與可信度（說到做到）時，別人就會信任你，而風險則會減低信賴感。

現在，讓我們來看看，該如何運用各個元素與同事、老闆建立信賴。

風險

信任不是開關。我們的信任感隨著風險上下搖擺。你也許能相信陌生人指出到最近的郵局怎麼走，但如果把平生積蓄交給路人，可就太不聰明。這個簡單清楚的道理，也可以用在職場。

首先要認清，信任是逐步遞增的。當你剛到一家公司工作，沒人真的認識你，你必須步步為營證明自己。信任亦然，所以別一下子要求別人太多，從小事證明你值得信賴，慢慢地大家就會把大事託付給你。

另外，也可以試著減低構想和提案的風險。很多想法之所以被封殺，不是它們不好，而是看來有風險，所以移除風險——只要求第一階段的核可，繼而拿類似構想的成功案例來證明沒什麼風險。至於個人與政治層面，則是透過表明構想已得到關鍵人物的背書來去除風險。

密切

利用個人親密關係保障晉升，是一項悠久而卑鄙的傳統；那也許可以成功，卻不是這裡所指的密切。在信賴的範疇，密切乃是就利益、價值觀、目標，找出個人與專業上的和諧。這表示你與對方會面之前，值得先花時間做點研究——臉書、Google、共有同事，都是資訊寶礦，應該可從中發現彼此的共同點。

看看許多人的第一次會面，頭幾分鐘常似乎在浪費時間閒扯，例如：曾在哪兒工作、曾與誰共事，這些看似隨意的閒聊，其實是找出共同經驗的嘗試。

然而尋求密切，是多元化之敵。我們信賴與自己類似的人，因為我們以為了解對方的思維模式，於是可能造成聘任與提拔是基於對方是誰，而非出於表現。如果你的背景與共事者不同，就得竭力打造共同利益的連結。

誠如前述，建立信賴有項祕密武器可用：傾聽。聽的愈多，學到的愈多。聆聽本身就是一種奉承——無論我們的勝利挫敗多麼微不足道，當有人顯得饒富興趣，總讓我們心花怒放。

建立信賴有項祕密武器可用：傾聽。

私底下彼此看法協調一致很好，但也需要專業上的協調一致。當有人投身於跟你相互競爭的案子上，你很難付出信賴。此時要發揮創意，找出彼此能分享共同目標的途徑。

在最基本的層面，雙方都應全力追求公司的成功，但如之前所見，所有公司都是各種案子的較量溫床，領導者之間相互爭搶有限的管理時間、預算和支援。

信用

若說密切是言談對盤，信用則是言行一致。套句流行術語，你必須「言出必行」。我們都傾向於以為自己言行如一，但卻總是讓同事失望。然而這並非我們充滿算計，因為多數人無意欺騙或令人失望，而是出於兩點。

首先，種種事情對我們不利，套句俗語：通往地獄之路由善意鋪成。接著生活中又出現干擾，優先事項有變、廠商不履行承諾、資訊系統崩潰、運輸碰到阻礙。之所以無法履行承諾，永遠事出有因；我們知道是非常充分的理由，造成我們沒能做到所說。然而，我們都碰過很會找藉口的同事，與此同時他們也是我們難以信任的同事。切記，如果事情重要，務必全力實現；當你接受藉口，也就接受了失敗。

讓我們無法言行如一的還有第二種原因，且更加有害：我們所言跟別人所聽到，往往相差甚遠。人們只會聽見自己想聽的，因此要謹慎開口。舉例來說，我們可能告訴顧客，會盡全力準時交件；遲交時，我們說我們已如承諾盡了全力。顧客期待的則是準時交件，在他們眼中我們是失了信用掉了漆。如果你告訴部屬你把他們放在升遷名單，結果沒成，你可以證明你確實有把他們放在升遷名單上，但部屬期待的則是，你會確保他獲得升遷，結果你沒辦到。於是你丟了信用，失去了信賴。

> **”人們只會聽見自己想聽的，因此要謹慎開口。**

我們可以埋怨說自己遭到曲解，但這就沒抓住重點。**身為領導者，確保自己不被誤解是我們自己的責任。**我們要明確溝通，設定清楚的期望；不確定時，就降低對方的期望。這是我們對付老闆時學到的招式：低承諾，超表現，同時這也是應付任何人的好原則。因此，當你不確定部屬升遷能否獲得批准時，就要說此次升遷幾無可能，但你仍會盡力嘗試，之後還要不斷強調這一點。

信用的重要性值得再三強調。如果別人不覺得你可靠，就不會信賴你，事情就這麼簡單。僅只一次沒準時出貨就很致命，你努力確保其他一切如期完成的付出，可能因此功虧一簣。你之前所有的言出必行沒人記得，大家只會記住你讓他們失望的那麼一次。你會記得（可能還非常清晰）你感到失望的那些時候，也記得是誰沒有履約。所以，別成為那樣的人。信用有如花瓶，一旦打破，再難復原。

最後，信用是就觀者而言。我們知道自己足以信任，卻可能對同事心存疑慮。同事亦然：他們知道自己足堪信賴，卻可能懷疑他人，包括你在內。問題出在**我們以存心看待自己，以行動看待別人**。我們的存心可能都是好的，同事卻看不見，他們只能看見我們的作為。這表示我們得加倍努力，設定明確期望，並付諸實現。

人氣與信賴的區別

在組織內建立影響力有個死胡同：高人氣。領導力並非政治以外的人氣比賽。我們能從政治上明白為何領導能力不是人氣比賽，因為愈是追求人氣，就會愈來愈軟弱、不值得信賴。**高人氣的領導者只求輕易解套，不敢做出不受歡迎的困難決定。**尤有甚者，軟弱領導者為求支持而輕易拋出承諾，結果無法履行時，信賴便直墜。政客是最不受信賴的專業人士，毫不令人意外。我們太習慣聽到沒有實現的承諾，然後他們會複述他們的狡猾說詞，表示當初並未給出我們期望的承諾——他們會說，那並非承諾，只是一個期許、一個希望、一個目標，但他們沒有做出承諾。這樣的他們，更突顯出若想獲取信任而非人氣，一開始就必須設定非常明確期待的重要性。

人氣不僅是信用的剋星，也是領導效能的死穴，追求人氣是通往軟弱領導的歪路。想受到部屬歡迎的領導者，會接受降低目標、延遲期限、接納次佳選項的爭辯。接受了藉口，你就接受了失敗。

身為領導者，你必須準備展開困難對話，堅持標準、目標和期限。若積極、有建設性地處理，這些困難對話將深化你的信用額度，進而獲得更多的尊敬。反之，軟弱永遠辦不到這一些。

影響決策

作為領導者，並不能親力親為每個決定，有些決定不在你的掌控之中。隨著公司全球化及組織再造，情況更是如此。你可能會發現，會影響你決策的正是遠在天邊的人，他們在進行的過程中沒有你。然而，你不該因此放棄去影響對你而言重要的決策。所幸，有充分證據顯示你仍有辦法影響這一切，而這主要是依據諾貝爾得主、經濟學者丹尼爾．卡尼曼（Daniel Kahneman）的研究。儘管他是純學術背景，但其研究對職場領袖仍多有助益。

> 即便作爲領導者，有些決定仍不在你的掌控中。

以下，是關於如何讓決策對你有利的建議。

做出有利決策的十個方法

一、**以你的基準線為討論定錨：**儘早出擊，讓討論範疇依你的議題為主。例如，月球離地球多於一百萬英里或少於？我完全沒概念，但我剛把討論定錨在一百萬英里左右（而非一千萬或十萬）。

二、**建立聯盟：**要私下處理不同意見，一旦對方公開表示反對，就會堅守立場到底。儘早私下會見關鍵人物，讓他們不失顏面地改變立場；得到任何支持後要廣為傳播，以建立更多後援。為你的立場找到有力的贊助者。

三、**步步為營爭取同意：**別一次要求全部到位而把人嚇跑。請每個人就其相關專業（財務、健康與安全……等）支持你想法的一部分即可。

四、**將利益的多寡具體化：**為你倡議的行動之利益，找出明確、合邏輯的案例來具體呈現。將這些好處量化，以爭取適當的背書。

五、**正面描述決策：**將你的議題與公司議題保持同調。以合適的語言及風格，為所有人描述你的構想。正面積極，堅持不懈。

六、**限制選擇：**別提出太多選項，這只會令人困惑。給出三十種選擇，將造成迷惘與隨後的選擇障礙。給出兩種，最多三種。通常是A：理想、昂貴、不實際；B：便宜、劣質、不可接受；C：你希望他們選擇的。讓他們訓誨你A和B如何糟糕、待他們告訴你就挑C來辦時，再對他們的高見適當露出欽佩的神情。

七、**運作一番，讓風險與損失趨避對你有利：**相對於你的構想，展示出其他方案的風險更高。大家通常的預設選項是「什麼都不做」：低成本、低風險、低辛苦，而你得證明什麼都不做絕對行不通。

八、**運用無為：**讓大家可以輕鬆同意，為他們去除後勤或行政上的所有障礙。

九、**堅持不懈：**重複很有用。什麼有用？重複。重複很有用。重複很有用。重複很有用。重複很有用。重複很有用。重複很有用。重複很有用。重複很有用。重複很有用。重複很有用。重複很有用。重複很有用。

重複很有用。重複很有用。廣告商、獨裁者都知道，一件事重複愈多次，人們就愈相信它。堅持不懈，絕不放棄。

十、配合每個人：從大家的眼中看世界，尊重他們在內容、風格、形式上的不同需求。建立共同目標，讓彼此對事情的看法一致。

傾聽的力量

良好的傾聽效力驚人，但是傾聽和真誠、即興一樣，難以假裝。優秀的業務員和領導者跟正常人一樣，有一張嘴跟兩個耳朵，但他們會依此比例加以善用。人們喜歡聆聽他們由衷信任且崇拜的人講話：自己。給對方機會，他們就會把自己講到屈服。

> 優秀的業務員和領導者跟正常人一樣，有一張嘴跟兩個耳朵，但他們會依此比例加以善用。

以下四個例子都包含兩種手法，想一想哪一種會比較有效：

- **業務拜訪：**（一）花十五分鐘告訴客戶，這打敗市場對手的新品Sudso如何神奇，要求對方下單。毫無意外地，客戶會提出上千個反對理由，最多最多就是拚命設法殺價；（二）讓客戶訴說他們的競爭處境，以問題誘導他們看出那神奇的Sudso恰好能幫忙解決哪些難題，他們將發現他們很需要Sudso，而你可以成為幫忙解決問題的夥伴。於是你從業務員變身為夥伴。
- **部屬的成就：**（一）一名部屬向你報告她的成果。你正忙，很快說了聲謝謝，隨即詢問她接下來的必要步驟，以及這番成果潛藏何種風險。她離開時感到有點洩氣；（二）你停下寫到一半的郵件，全神貫注聽她說話並謝謝她，問她如何取得這項成功，讓她重溫那股成就感。這麼做，她可能更體認到成功之道，而你也是。尤有甚者，她會感受到你的重視，只因你花時間聆聽並提出好問題。
- **部屬的挑戰：**（一）部屬帶來一個問題。你是無所不知、英雄般的領袖，所以你解決了問題，告訴他們每個步驟。他們走時覺得你果真聰明，但不覺得解決方案歸他們所有。同時他們養成依賴——比起自行設法處理，把問題丟回給你簡單多了；（二）你提出問題，讓他們思考答案，使他們同時擁有問題和解答且更投入其中，因為部屬會覺得那是他們自己想出來的。

- **績效評估：**（一）告訴部屬他們表現不佳，清楚說明哪兒不行、該採取什麼補救行動，看著他們退縮、沮喪、憤怒或否認；（二）讓他們自己說明表現，提問讓他們專注於能做更好之處以及如何做到；看著他們離開，對他們能有所突破感到審慎樂觀，他們也將感謝並效忠這認真聆聽、付出關心的老闆。

積極傾聽

傾聽比說話難多了，積極聆聽需要敏銳的思考與提問。除了拿膠布貼住自己嘴巴，還可以做三件相當簡單的事來提升聆聽技巧：

- 改述（paraphrase）。
- 提出開放式問題。
- 匯報（debrief）。

改述

這點非常簡單，能迫使你不得不好好聆聽。當對方說到自然停頓時，你會很想發表自己的意見。這時請按捺住心癢，該做的是：用自己的話語，摘要剛才你聽到對方所講的話。這不代表同意，只是表示出你理解他們所言、表示你有在聽。如果你的摘要有錯，對方會馬上更正，如此就不會產生誤解；如果你的摘要正確，他們會覺得你真聰明，因為你完全聽懂，然後更抖擻地繼續發表。

改述能創造理解和尊敬。當作是簡單測驗，試著改述這一段話。當你改述時，應該也會發現要記住更容易了，因為說出口，就更容易記得。

提出開放式問題

誠如前述，這是真正的傾聽技巧，值得我們再次扼要介紹。適當的開放式問題，能讓對方以正確方式專注並思考正確的議題。開放式問題的關鍵在於，能鼓勵對方給出豐富答案。切記，要避免封閉式問題，那只會得到是或否的無效答案。

此外，封閉式問題會讓對方採取立場，感到必須自衛。別把他們逼到牆角。而落入這類陷阱的問題往往長這樣：

- 「你是否同意……？」
- 「我們是不是應該去……？」
- 「……要多少？」

如果你知道在討論終了時會得到「正確」答案，一切都好接受；反之，如果你得到「錯誤」答案，會發現自己採取對立，使雙方陷入輸或贏之辯。

另外，開放式問題能帶來豐富的多元答案，不會過早逼對方到角落，讓大家能探索更多選項。當你讓對方多講話時，他們對你的信賴也會隨之增加。至於開放式問題通常長這樣：

- 「他們為什麼……？」
- 「……那時發生了什麼事？」
- 「……你會怎麼做？」

無可避免，讓對方講話比直接叫他們怎麼做更花時間。懶惰和英雄式的領導方式就是指揮人去怎麼做，然而，比較費時、沒那麼英雄式的途徑，也比較有生產力，因為這會驅使對方自行思索，掌控自己的問題，進而自己找出解答。

匯報

會議中若超過兩人，務必試著請對方匯報以下三個問題：

- 當中你們聽到或觀察到什麼？
- 他們的回應如何？
- 接下來誰要做什麼？

這只需要花幾分鐘的時間，但不可避免地，你會發現這兩個人聽到、看到不一樣的東西。相較於會議中筆記，快速匯報能讓你獲得更多更有價值的情報。做筆記只會造成阻礙，它會妨礙觀察。書寫阻礙你思考對話之道，從而讓他人心生警惕。

前進勿退：關鍵時刻

你的成功，不是由寄發郵件跟開會所定義。你的例行公事就是那樣：例行公事。例行處理公司的日常雜音，你得做好才能生存，但成功卻不是例行公事，成功必須不同凡響。

你的成功將由一些關鍵時刻所定義，在這些關鍵時刻，你見到權力在個人之間消長。在二十一世紀，這些關鍵時刻更形重要。過往，公司的職級常以資歷為基礎：你奉獻時間，效忠組織，沒搞砸的話，終將晉身高層。其中，優良的例行表現不僅意味著生存，還能意味成功。

但現在，傳統階級制正在瓦解，資歷成為過去。升遷在於績效，非關資歷。然而要證明績效難度遠勝以往，原因有二：

- **責任分攤**：在一個矩陣型的組織中，要躲容易，要出頭卻很難。誰做了什麼並不顯眼，至少對那些不直接涉入工作的人來說。

• **工作成效日益模糊：** 過去很容易認定工作已經完成，因為可看見生產了幾輛車、挖出了多少噸煤，但管理工作並不那麼容易由客觀一致的指標判定。一週內，你可能需要準備一份報告、參加多個會議，並繼續幾個要花上數月才有成果的案子。一週將盡，你自己知道成果如何，但要證明很難。

> **在矩陣型的組織中，要躲容易，要出頭卻很難。**

當今，你將由幾個特殊時刻被評定，這些時刻讓你備受矚目，讓你能形塑未來。

升遷與關鍵時刻

升遷時刻是你發現真正的競爭不在市場，而就坐在你附近的辦公桌。市場上的競爭者不會奪走你的下一步升遷，但同事卻會。

這時，可能會發現自己的命運掌握在極少看到你的人手上：人力資源專家與高你兩、三層的高階主管。他們會檢視許多升遷提案，每個都在稱頌你同事的各項優點，這些人此刻與你搶奪僅有的幾個升遷機會。每個升遷提案都是一首讚歌。在緊要關頭，所有主管都得證明自己有能力讓部屬獲得晉升，因為失敗將顯示其無能，讓他整個人失去信用。為此，對主管和部屬來說，升遷時機都是關鍵時刻。

這正是發生在一間大企業的情形。要在那些精彩頌歌之中分出高下，幾乎是不可能，因此選拔小組做了所有人都會做的事，也是所有人資系統設法阻止的事——他們依賴自己對每個候選者的個人印象。也許是一次很棒或很差的簡報、也許這人在一次會議裡的積極或防衛，甚至也許是在走廊上的一次偶遇。這些觀感影響了對每位候選人的態度。若那有限的相逢印象很佳，有關此人的讚歌將被照單全收，晉升提報獲准。至於其他人就沒那麼幸運了。

因此，要充分利用關鍵時刻，這些時刻都可能會影響你的職涯發展，請隨時做好準備。所幸，多數的關鍵時刻是可預期的，這表示有機會先做準備。以下是十個典型的關鍵時刻：

一、**報告：**在大家早忘了你講了什麼之後，他們仍會記得你的樣子。如果那是他們唯一見到你的一次，那就成為他們對你的印象。這是你在聚光燈下的時刻，所以，請投注所有必要時間，確保自己閃閃發光。

二、**預算：**預算就是合約，亦即同意以這筆錢提供這麼多產出。確保自己談判得當，不管你在預算談判的哪一方。若在接收端，只保證能夠產出的量；若在供應端，盡量提高目標，否則只會看到平庸成果。善用預算逼出不凡表現——激發團隊找出新的工作模式，而非只是更加賣命。

三、**打造團隊：**團隊厲害，你才厲害。差勁的領導者找來差勁團隊，套用某位老闆的話，這樣找人才不會「比我出色、聰明或厲害」。盡力找來最棒的團隊，可留意以下三點：

- 品質：需要一支價值觀與技能都十分良好的團隊。
- 適當：需要各種合適技能組合，以迎接所有任務。
- 平衡：技能、風格多樣化，才會有更佳的解決方案與成果。

四、危機：有時沒人知道該怎麼辦，這種時刻在所難免。然而就在這種時候，領袖更應挺身而出，讓部屬退後。退後提供分析很安全，因為你無需為任何事負責。但處於危機，需要行動而非分析。所幸，許多危機事先可測，因為你知道在這領域可能出什麼差錯。所以，請為這領域可能面臨的潛在危機做好應變計畫，如此危機一旦發生，就能挺身而出。掌控局面，你遂成為領袖，得以出人頭地。做好準備，危機就是最好的轉機。

五、挫折：危機出於外力，挫折則要問自己。我們都曾遇過挫折，但如何面對，決定了我們的未來。有些人兩手一攤，另謀平靜生活，這情有可原，但此人絕對不是領導者。領導者必須有韌性，而最可取的作法是：面對問題，掌控局面，採取行動解決它。把檢討留到以後，或乾脆捨去。

六、新點子：很多公司都說喜歡新點子，卻起手加以斬斷。因為新點子意味著改變與風險，於是產生真空地帶：誰能琢磨新點子，並帶頭執行？先發優勢十分龐大。如果能率先鑽研，就可能成為帶領規劃與執行的人。如果這點子很大，將發現自己快速登上高層擔任領導。所以要思考恢宏，及早出擊。

七、**展開新角色或新案子：**絕大多數的戰爭在第一聲槍響前，輸贏已定；準備較佳、立足較穩的一方，常穩操勝券——開始新的案子或角色也是。確保自己為成功做足準備：開始前，握有對的目標、對的資源、對的預算及對的團隊。一旦你正式承諾，就失去一切談判優勢。

八、**接受回饋：**誰都不喜歡回饋，除非是讚美或奉承。同樣地，主管們也不喜歡給回饋，因為他們大多不喜歡衝突，尤其是和自己的部屬。如果你對回饋提出爭辯，就是主管最大的惡夢。你顯得不忠、好鬥、不願學習或改進、難以掌控。公司要重組或縮減，你會名列前茅。這種時刻正適合以積極和有建設性的態度虛心接受，如此，老闆將安心地鬆口大氣，希望繼續留你在團隊。

九、**給予升遷與獎金：**這是考驗你作為領導者之處：你能否實現部屬的期望？你必須能夠如此，若不能，就失去所有的信賴與信用。這表示所謂真正的關鍵時刻，其實遠遠早在升遷與獎金發布以前——是在你與部屬設定期望之時。及早展開這個關於期望的困難但積極的對話，比失信後的無法對話要好。別迴避困難對話。

十、尋求升遷：在以往，資歷制表示升遷終究會輪到你。如今不再那樣，若想晉升，就得設法取得，無論在目前公司或往外發展。如果被拒，可趁機問問將來如何才能如願。不要猜，要對成功途徑取得共識。如果不問，你就得不到答案，所以要大膽去問。

言行得體

二〇一七年夏天，英國議會發生一場小革命。下議院議長宣布，議員出席議會兩院不再需要打領帶——領帶這暴君終於被推翻，至少理論上是這樣。

古往今來，新興領導者發現光做對的事並不夠，還得舉止得宜，看上去體面，風格與實質一樣重要。或許這不公平，但成功不總是公平的，所以國會議員們繼續戴著領帶。根據易普索莫里（IPSOS-MORI）的誠信調查，政客是全球最不被信任的專業之一，領帶則帶來他們渴望的高貴表象。

實際上，我們評斷人時都不僅根據他們的作為，也看他們的做人。我們記得過去跟過的好老闆跟壞老闆的成就，同樣也記得他們如何對待我們。

舉止和裝扮得體的規則與時俱進，且隨環境而變。比較傳統的公司仍要求穿著西裝，但這在矽谷這種地方就顯得老派的可怕，此地眾人遵循一套同樣嚴格的穿著規則：刻意的休閒風。每個領導俱樂部都有被緊緊奉行的潛規則。身為領導者，得自己找出這些規則。

> ”如果你要演出這個角色，了解其需求相當重要。

領導是一場展演。如果你要演出這個角色，了解其需求很重要。這個角色可分成兩個層面：對所有演員（領導者）的普遍要求，以及對這齣劇（這間公司）的特定要求。對領導者的普遍要求可視為堅守專業來看待，是身為領導者時時刻刻必須達到的最低標準。

培養堅守專業

試想你前往赴會，準時抵達，但你要見的那個人遲到十五分鐘，衣著邋遢，雙腳擺在桌上。你試著與他對話，但多數時他卻一直在回覆簡訊。你會怎麼想？印象不會太好吧？這個人之所以如此，也許有充分的理由——或許他另有緊急狀況得處理，仍撥出時間見你已是莫大恩惠。但無論如何，若對方表現得比較專業一點，你的感覺會好上很多。

所謂的堅守專業不僅只為自己設定標準，更是一種以身作則。它讓人知道如何與你應對，你不希望你的舉止和外表讓對方分神。

”堅守專業不僅爲自己設定標準，更是以身作則。

公司列出對堅守專業的要求，往往沒什麼幫助也不令人振奮，擺在眼前的可能是一份要求衣服摺線跟領帶的表格。依照黃金法則對自己提出更嚴格的標準：己所不欲，勿施於人。以下提供幾個面向供各位參考：

- **惱人的舉止**：周遭人如何讓我深感厭煩？我想如法炮製，還是祭出更高的標準？
- **尊重**：我最尊重什麼人，理由是？我能學到哪些行徑？希望成為那樣的人嗎？
- **衣著要求**：高我兩階的人穿著如何？我想被視為這群人之一或其他群？穿著具有群性，它會透露出你的歸屬。
- **會議**：有什麼樣的行為規則，例如：及時性、貢獻度等？
- **電子郵件**、**簡訊**、**電話**：應該多快回覆、語氣應多正式或輕鬆？錯別字、表情符號？
- **八卦及玩笑**：就像其他任何一種溝通，總要假設你最不希望聽到你言論的人聽到了。

對於堅守專業有兩大謬誤。第一，是把它化約為手冊跟檢驗事項。身為領導者，你應有比基本水準更高的自我要求。第二，是接受周遭人的文化。當同事們穿著隨便、講人八卦或壞話，你不必起而效尤。反之，樹立高標，就能英挺地出類拔萃。最壞情況下，接受文化常規表示你會接受不道德或不法的標準，就像我們在倫敦銀行同業拆款利率調整、外匯利率設定、支付保證保險濫售等，層出不窮的金融醜聞所見。

現實中的堅守專業

那天我搭火車從倫敦前往新堡（Newcastle），聽到旁桌一群人正討論著即將參加的會議。他們準備去比稿，卻明白自己不到標準，問題出在沒繳出成果的創意人員。他們正在想說如何讓客戶接受他們在最後一秒硬湊出來的東西。

他們不知道自己討論的會議對象，正好是我的同事。我趕在他們之前抵達公司，這群人不明所以地被擋在接待櫃檯等候十五分鐘，而我正把車上見聞告訴同事。九十分鐘之後，這間廣告公司團隊面如死灰地離去，他們丟了這筆生意。在公開場合談論機密，不是一個可取的堅守專業應該有的行為。

學到你的角色

在堅守專業的普世原則外，還得弄懂公司的特定規矩。了解這些規範的同時，得拿捏自己接受的尺度。如果發現自己不喜歡這樣的文化規範，可能是待錯了公司。即便位居執行長，也會發現隻手難改組織文化。當一位了不起的領導者加入一間爛公司，屹立不搖的仍會是公司的名聲。

> 即便位居執行長，也會發現隻手難改組織文化。

以下，提供一些供你思索的常規：

- **風險：**你該冒險還是把它降到最低？
- **適應或遵從：**照規矩來或適應狀況？
- **走或跑：**這公司是快節奏或比較慎重？

- **行動相對於分析：**做跟想之間的適當平衡？
- **大局或細節：**適當平衡為何？
- **顧客服務或利潤極大化：**碰到危機，先顧誰的利益？

唯一的正確答案是要看所處的環境。以飛機製造業來說，無數條性命繫於完美做出精確；而以教學而言，完美課堂從無可能實現——面對三十個孩子，你必須快速適應，隨機應變。你沒有繳出完美計畫的多餘時間。

第六章

最後防線

強化內在心態

一流領導者，似乎往往不是技能最佳的人——這既是錯覺，也是事實。

隨著步步高升，你漸漸置身舞臺中央的鎂光燈下。眾人對你嚴加檢視，以往任何微小缺失都會被放大。為此，你的技能不見得真的不頂尖，而是受到公眾輿論的殘酷批判。但即便最優秀的領導者也有明顯缺點。他們成功不是因為不足，一流領導者全都專注於自身的傑出強項而超越群倫。領導是一種團隊運動，他們懂得打造隊伍，彌補自己所缺。

除此之外，一流領導者還有一項祕密武器。他們的舉止之所以異於常人，是因為他們的思維與眾不同，並可喜地始終如此。在本章我們會列出領導者的七種心態，加上一種無人倖免的黑暗心境。

不妨把心態視為思維習慣。我們都有一些透過學習而獲得的思考習慣，這些習慣對我們很有幫助。但有時，思考慣性就像飲食或運動，也會讓我們走錯路。在本章會讓你知道如何養成最高效的思維習慣。你不必一應俱全，一、兩項習慣的些微改進便足以讓你大有斬獲。本章不在改變你的本我，而是讓你充分發揮與生俱來的極致，才是本章的宗旨。

伸手摘星：壯志的力量

瞄準低標，是適得其反和自我實現的事情；當你只想達成一點，也就只將達成一點。很少有領導者會承認自己曾這樣。不過，雄心壯志也不能保證百分之百的成功。我們都懷抱將來有所成就的夢想，而挑戰就在如何化夢想為事實。

實際上，一流領導者對雄心壯志的想法，與好的領導者不同。好的領導者或許志在提升業務，也許是要求營運零缺失、百分之百的顧客滿意度……，這些目標都不錯，但本質上屬於管理而非領導，是在改善傳承，而非打造嶄新篇章。

> ”懷有一個願景：不僅把事做好，更要與眾不同。

一流領導者則超越優異。他們常懷有一個願景：不僅把事做好，更要與眾不同。想想數位時代所有偉大的企業：社群媒體巨擘、亞馬遜、特斯拉、蘋果、PayPal等新經濟的領導者，這些組織的帶頭者都有著超凡的野心，不甘只是改進既有的做事方法，而是要另闢前所未見的蹊徑。他們實踐了美國政治家季辛吉對領導的定義：率領人們邁向他們自己無以企及之境。此外，他們也通過了成功領導者IPA（構想、人才、行動）測試的第一部分：提出了大膽且饒富野心的構想，戮力追求。

如何擁有雄心壯志？建立在四個簡單的思維習慣：

- 瞄準未來。
- 目標導向。
- 選擇性不講理。
- 把握關鍵時刻。

瞄準未來

原則上，經理人都應看向未來，但實際上，許多人雖駛往前方，卻仍緊盯著後照鏡不放。公司的報告體系總在檢視既有的東西而非未來，以致自然造成盯著過往問：「我們如何能更好？」這是優秀的管理能力，卻不是頂尖的領導力。

所有經理人與領導者都要留意一個模擬的時鐘——領導力時鐘。初階經理人盯著秒針，專注於把今天與下週的事情做好；較資深的經理人盯著秒針及分針，想著如何提升下一季或兩季的表現；頂尖領導者盯著秒針、分針與時針，處理手邊及眼前的任務之餘，也不斷望向未來的一、兩年，勾勒一個對公司和自己都截然不同的未來。深刻的改變，需要時間。

欲養成瞄準未來的習慣，要從「我如何提升當前業務」的思索，變成「我如何打造出不同且更棒的未來」。

目標導向

這讓我再度回到ＩＰＡ三角。如何帶領人們走向他們自己無法達到之處，你要有清晰的構想。優秀的經理人和領導者能掌握企業的節奏慣例，加以改善，而一流的領導者則會改變這些節奏慣例：他們從流程導向，移轉到目標導向。

你的遠大想法，應該要能讓你受到組織內外的矚目。它絕對使你比謹慎同儕歷經更快的成敗，但即便挫敗，也能成為養分，讓你從中學到進展關鍵，鍛鍊出再試一次的信心。絕大多數創業家在成功前早就經歷失敗，一流領導者的精彩歷練多充斥著無數挫敗。如同一位領導者所言：「我不斷嘗試，終於走了運。但這份運氣，靠的是不斷地嘗試與挫敗。」

欲養成目標導向的習慣，要從思索「我能完成這件事嗎？」變成「我如何能達成這個目標」。不停自問：「我如何能達成？」直到能據以行動的答案浮現。

選擇性不講理

講理的領導者總會聽同事說某事不可行、截止日必須推遲、目標必須放寬——藉口永遠不嫌少，但當你接受了它，就等於接受了失敗。

一流領導者不明白什麼叫做「不可能」，他們不接受自己失敗了，而是說自己

「還沒」成功。「還沒」正是領導者字典裡最強大的字眼，將失敗變成遲來的成功。「還沒」讓你能再試一次，尋找達成目標的其他途徑。

> **”將失敗變成遲來的成功。**

這樣的態度，可能會與團隊帶來令人緊張的討論，事實上，數位時代許多了不起的領導者很難與之共事，就是因為他們如此挑剔。關於蘋果的創辦人賈伯斯，一個公認的看法為他是個「天才與混蛋」，而想仿效他的領導者，往往只有第二點做得比較成功。

你無需模仿賈伯斯的任何一點，你不必是個天才。想要改變團隊或企業，大多數的點子四處可得：只需問問同事、供應商、客戶，他們若在你的位置會怎麼做。你也不用當個混蛋。一流領導者對目標毫不講理，但對達成手段則彈性十足（只要你能辦到，他們絕不管你怎麼做），同時會全力支持努力邁向目標的團隊。

這個選擇性不講理的習慣，是為了將每個阻礙、每個「不」，視為找到更好解答的挑戰。

把握關鍵時刻

我們都傾向隨著周遭的標準起伏。許多最優秀畢業生深受最嚴謹的研究所課程所吸引，而那往往也是最一流的。他們正確評估出這是能讓自己學到最多、成長最大之處。選擇要求不高的輕鬆生活很危險，如此一來，之後想超越平庸，將十分困難。

領導者終其職場人生，也都面臨這同樣的選擇：關鍵時刻來臨，要挺身？還是退後？任何組織都有伴隨著新方案與各種危機的無數契機，當下無人確知如何是好。一項可靠的生存之道便是退後一步，任憑他人承擔風險，之後若一切順利，反正隨時可搭順風車分一杯羹。

然而，這些關鍵時刻正可看出權勢轉移。領導者挺身而出，小心翼翼的同事往後一退。無論是否置身組織，領導者甘願大膽躍進，做出改變，學習成長，即便必須付出加倍工作與承擔風險的代價。

欲養成把握關鍵時刻的習慣，是從思索「這個狀況的風險在哪裡」，變成「契機在哪裡」，契機夠大，風險就值得承擔，然而，若一開始只聚焦於風險，就會放棄太多太多機會了。

敢於成功：學習勇敢

雄心壯志意味著得承擔風險，這需要勇氣。你需要勇氣，在別人後退時挺身而出；去創新及嘗試新點子；去挑戰既有現況；去帶領人們前往他們無法自行企及的境地。

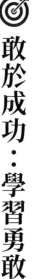

那麼，勇氣有辦法學嗎？乍看之下，有些人似乎天生勇敢，成了冒險家、投身社會運動、晉身創業家行列。但仔細深究，會發現兩個關於勇氣的意外發現：

- 勇氣的定義因地制宜。
- 勇氣可以學習。

勇氣的定義因地制宜

一家全球銀行的老闆週二要主持一場爭議難免的董事會會議，同時，出於公司贊助計畫，他也答應要為城內某所中學上一堂理財課程。整個週末他忙個不停且深感憂心。他不擔心董事會議，他完全知道該怎麼應付各種難題與難搞的董事成員。與此相對，要面對城內偏鄉地區的三十名十六歲的孩子令他大為恐慌。所幸，他有位研究生老師可以依靠，雖然她才二十三歲，但能輕鬆掌握整個班級。

另外，基於贊助計畫的前提，這位研究生老師受邀向董事會報告成果。這一次，輪到她深感惶恐。她知道怎麼應付三十名十六歲的青少年，但面對年紀至少大她兩倍的銀行界老將們，究竟該怎樣才對？

勇氣的定義之所以因地制宜，是因為它是學來的。這位執行長學會掌控董事會，研究生老師學會應付一個班級。對外人而言，兩種活動顯然都頗不容易，但如果你已掌握其中奧妙，那就只不過是辦公室或學校裡的又一天。

那時起，我採訪過許多明顯做出勇敢事情的人，像是：探險家、登山者、精銳部隊、高空跳水者。在外人眼中他們相當勇敢，但他們自己本身並不如此認為。他們從容行事，因為了解眼前風險，懂得如何掌控。讓他們脫離（顯然很不舒適的）舒適圈，勇氣即煙消雲散。如同一位沙漠探險家所言：「把我丟在沙漠，我能存活下來。但要我賣雙層玻璃窗，我可撐不過一天。」

勇氣可以學習

在一次的研討會中，有人問我能否學到勇氣。我頓住了，於是我轉向席中的當地消防隊隊長，問他如何管理手下的打火兄弟（當時都是男性）去做奔赴火場、營救性命等勇敢之舉。以下是他（經我轉述）的答覆：

「首先，」他說，「我不需要勇敢的救火員。勇敢的救火員會變成死掉的救火員，對我毫無用處，」我正感洩氣時，他救了我。「但我要跟各位談一下，他們是怎麼應付火場的：訓練，一次一個步驟。第一天，我們先介紹基本裝備，確保他們知道如何穿戴。然後我們用油炸鍋展示如何滅火，再來如何架設短梯。慢慢地，救災裝備漸趨複雜，火勢漸趨複雜，梯子愈來愈長。他們就是這麼學會的。」

我也曾與英國皇家海軍陸戰隊相處，以了解他們如何做出超級勇敢又危險的事。這些精銳部隊往往率先進入局勢詭譎、充滿敵意之境。他們如何辦到的？與消防隊完全一樣：漸次提高強度的訓練。職前訓練建議先要求應聘者，八分鐘內跑完一英里。天氣好時，老爺爺也辦得到。待訓練終了，他們能做到正常人眼中超級困難又危險的事情，而我們認為的危險，卻只是他們工作的日常。由此可見，訓練比勇氣更重要。

> 訓練比勇氣更重要。

在商場上，你不需要消滅敵軍的勇氣，但即便是對高層主管做重要匯報這種簡單小事，也確實需要勇氣。如果想獲得領導者的勇氣，及早開始，並從小處做起；冒點小風險就能學到本事。假設你害怕做簡報，先以某個輕鬆題目向團隊同事做個兩分鐘摘要，接著可以漸漸擴及至較多聽眾、較重要的報告和難度較高的主題。向那些救火員學習：一次一個簡單步驟，就能把危險事件轉變為日常了。

保持韌性：挺過逆境

成敗之差，往往只在絕不放棄。當你有著高度企圖與勇氣時，就會驅策自己跟部屬，你會不斷創新和承擔風險。有些時候，不可避免會碰到挫折與失敗，甚至如果從未失敗，就表示還不夠努力。

”如果從未失敗，就表示還不夠努力。

所謂的逆境可分為短期和長期。短期逆境是指立即且強烈的挫敗，每個領導者不時都曾遇過；長期逆境則可能更摧意志，且似乎永無止境，例如在職涯之初，必須多年長時間耕耘以學會本事，證明自己。身為領導者，同時必須應付這兩種逆境。看看多數領導者的一生，他們都曾歷經兩者的洗滌。前英國首相邱吉爾在他所謂的「荒野歲月」飽受數年的長期逆境，一次世界大戰中也歷經如達達尼爾戰役（Dardanelles campaign）等慘烈災難，但他從未放棄。

以下有幾個策略，能幫助你度過長期和短期的逆境。

如何度過長期逆境？

許多發展中國家的教師處境艱難，待遇差，甚至常領不到薪水，外加惡劣的工作環境、極度缺乏訓練，以致很多老師對自己的職業失去熱忱。過去十年，STIR教育（我是這個組織的創始主席）幫助了數百萬名老師、官員及孩童挺過這些難關。如今民間組織也複製了這項計畫。該計畫建立在四大支柱，各位可如法炮製：

- 支持的關係（Supportive **R**elationships）
- 自主性（**A**utonomy）
- 專精（**M**astery）

• 目的性（**Purpose**）

你可把它想成為RAMP原則。當這些原則一一到位，無論何種逆境都能夠衝破。若沒有到位，你就很難前進。本章的其他單元將仔細探討每項原則，以下的摘要能讓你快速檢視當下的處境。

支持的關係

歡樂有人共享乃加倍歡樂，問題有人分享則問題減半。當你有支持你的老闆跟同儕，生存就容易太多。這項課題將在下一節的「攜手致勝：不再當獨行俠」詳細探討。作為領導者，能支持他人最簡單的做法就是「傾聽」。在這時間不足的世界，傾聽令人受寵若驚，這表示你關心。

不過，你自己也需要有人能聊，分享你的重擔與成就。萬一你有個漫不關心的有毒老闆，處境就會相當艱難。最好的解決辦法常是另尋上司，無論在現在的公司或其他地方。

”歡樂有人共享乃加倍歡樂，問題有人分享則問題減半。

自主性

專業人士對工作自視甚高，不願受到微型管理。作為領導者，**管理這群人最好的作法，就是少管一點**，展現出你對他們的信任，以及適當地分工授權，讓他們遞交成果。他們多半不想辜負你的信任，因而會承接挑戰。

你需要找到能被信任的環境，而非被嚴密管理。然而隨著高自由度，責任也更大，亦即：必須繳交出成果，這表示你跟接收成果的對象要有清晰透明的共識——繳交給誰、什麼期限。

專精

如果你欠缺此刻所需的技能，又沒有培養下一步所需的本事，便很難成功。誠如我們談勇氣時所說的，訓練和技能是推進器，它們讓你能應付他人避之唯恐不及的挑戰。自我投資，絕不停止學習。這部分將於本章的「不斷學習：掌握成功的技藝」深入解釋。

目的性

人因深刻的使命感而衝破驚人逆境，這類故事在歷史上比比皆是。這些英雄也許是預備為信念赴死的聖徒、隨時要遠征地球已知及未知處的探險家、為信念及國家甘冒性命危險的大兵們。然而你的個人目標和使命，並不等同公司的使命。

為一群陌生股東增加每股獲利而深受激勵，這樣的領導者我還沒見過。所以好好規劃工作，讓它對你深具意義。

如何度過短期逆境？

無論何種職業，總有碰上大麻煩的時候，這些時刻能成就人也能毀人，其中，被毀的人很多。眼前的危機能清楚揭露醞釀多時的不滿情緒，霎時，尋覓輕鬆生活的念頭如此迷人。輕鬆一點的生活是合理的個人選擇，但將使你脫離領導之路。

應付短期逆境之道和處理危機一樣，讓我們透過以下表格，回顧關鍵重點。

另外，如何處理內心的危機，也非常重要。此時，當個務實的樂觀者很有用（見本章「往好處想：悲觀者的樂觀指南」）。所謂務實的樂觀並不是期待走運，期待不是方法，走運並非策略。而是表示要面對殘酷現實，找出前進之路，相信自己能力克萬難。按照上列行動，可驅使你積極思考成功途徑。

然而常見且致命的選擇，是反芻自己的不

應該做	不要做
及早認清問題。	否認問題，試圖逃避。
加以掌握。	扮演命運的受害者。
展開行動。	不斷反芻，掙扎不已。
專注於能做之事，做就是了。	爲辦不到的事煩憂。
找到支援。	獨自痛苦。

幸，便很容易看壞一切。當你出現以下情形時，就要知道自己有擴大負面思考的傾向，也就是：內心獨白開始出現絕對字眼，諸如「沒人、老是、從沒、不可能、什麼都不……」，以上這些一點幫助也沒有。當你開始告訴自己「沒人幫忙、怎樣都沒用、所有人都在搞我……」，自會發現支持這些灰色觀點的一堆證據。此時的解方是：

- 認識到自己在看壞一切；內在獨白採用絕對的字眼是警訊。
- 別找證據佐證你的悲觀，去找推翻它的證據。
- 專注於前頁表格所示，應該去做正向積極的行動。

無論如何好消息是，逆境會使你堅強。每當克服一次逆境，就獲得應付這種難關程度的信心。有些從小到大學到就業之初無往不利的人，是「脆弱」的強者。他們看似很強，但一旦碰到首次的真正逆境時卻會即刻折斷。別閃避逆境，每次遇到它就正面解決它，你就會變得更強。德國哲學家尼采說得好：「那些殺不死我的，必然使我更強大。」

攜手致勝：不再當獨行俠

在電影中，總見孤獨的男女英雄拯救了世界；而如果你不幸讀了某些知名商業領袖的傳記，會發現他們如何隻手打造出改變世界的偉大王國，從而改變自己的存款數字。在我看來，這些傳記就跟電影一樣不可置信。在真實世界，成功絕對是團隊成果。即便是網球這類個人運動，也會看見頂尖球員背後都有個小團隊，協助指導、飲食、健身、代言與後勤。

> **從思考「我怎麼處理這件事」變成「誰能處理這件事」。**

管理的本質永遠是透過他人締造成果。作為經理人或領導者，毋須凡事親力親為，而是要協調眾人之努力，寫下成就。所有領導者都做出的重要轉變，就是從思考「我怎麼處理這件事」變成「誰能處理這件事」。

在二十一世紀，管理的核心有了細微且根本的改變：不再透過他人成就事情，而是發現自己得透過若干不受控制或不想被控制的人完成工作。缺乏控制，改變了商業管理的一切。

從前，經理人控制著自己的手下，握有強大的強制權。然而當你帶領專業人士，是帶著一群不想被管的人。你手下的專業人士恐怕認為他們能把你的工作做得更好，也可能以為你的工作根本沒有存在的必要。此外，想成功的話，不僅得透過手下成就事情，也得需要其他部門，甚至供應商及客戶的協助支援。透過你控制的人完成工作相對容易，與此相對，要想透過不受你管轄或不想被管轄的人完成工作，就難上許多。

如今，疫情加上新的混合工作模式，讓合作的藝術更加困難。你不僅得透過不想被管的人完成工作，且如果部屬某些時間遠距上班，你還看不到、聽不見他們。

混合工作模式敲響了微型管理的喪鐘。辦公室是管理狂的天堂，因為他們可以隨意干涉（「協助」）；而當你無法時時看見或聽到部屬，想干涉就非常難。

領導與管理終於來到二十一世紀。過往那種命令掌控的技巧逐漸失效，你得學會新的技能——建立信賴和影響力的人脈，說服眾人，打造讓人想為你而非不得不在你手下做事的情境，鞏固可成就事業的夥伴，贏得高層對你願景的支持。換言之，**所謂的領導已從「掌控」轉為「合作」**，這不僅是一種新的技能，更是不同以往的心態。有些領導者能變身過渡，邁向成功，有些領導者則無法。

在本書的第五章介紹了迎向這新世界必須具備的基本合作技巧，但過渡技巧並不夠，還得有正確的內在心態。命令掌控的舊有心態以科層體制為基礎；事實上科層體制並未消失，其之於預算與掌控權依然有用、依然讓你握有權力，但不再足夠。你得能影響整個組織甚至外界。你不再受預算和掌控權的限制，這僅是你建立影響力及信賴度網絡的基礎，讓你得以成就績效。

從掌控來到合作，從權威來到影響，新的領導力思維轉變成為一種合夥心態。你是包括部屬在內所有同事的夥伴、是供應商與客戶的夥伴，甚至也是管理高層的夥伴。夥伴心態與科層心態相反，前者不拘泥於他人之於你的階級高低，只看他們以何種角色幫助你完成目標。

以下是與各種必須合作的群組之間，所需具備的夥伴心態：

- **團隊成員：**如果你高高在上，大概就無法聽到他們的卓越想法，也無以凝聚或激勵他們。反之以夥伴自居，你會想傾聽他們的意見，會更相信他們、更願意分工授權，會更像教練而不只是老闆。專業人士樂於受到信賴，希望被視為成人而非小孩。
- **管理高層：**科層思維並不喜歡測試或考驗高層，但如果你不如此，就無法阻止不時從上而來的無理要求。夥伴心態能讓你意識到，原來你具備不同以往的可貴視角與貢獻。高層也許在山頭尋找通往地平線那頭的道路，而你在山腳知道農場裡的雞羊發生什麼事。你的看法和知識一樣舉足輕重。作為高層的夥伴，你要分享你的看法，協助他們做出正確判斷，適時調整步伐。
- **其他部門：**你最大的競爭對手不在市場上，往往是跟你爭搶那一小桶管理預算、時間與支援的其他部門。實際上，他們恐怕需要你的支援才能完成目標，你也需要他們的支援以達成目標。這時，必須建立一種不容易的夥伴關係——彼此既合作又競爭。其中核心是打造信賴與影響力的藝術（詳見第五章）。擁有信任，就很容易找出相同立場，建立相同目標；反之缺乏信任，只會不斷競爭較量，日子就很難過。

- **供應商與客戶：**傳統的供應商與買家關係，往往互相對立，不是非常有建設性。逐漸地，公司與個人都發現，夥伴思維更有生產力。供應商愈懂你，你愈懂顧客，就愈能找出可以幫他們的解決辦法。這表示要脫離往昔那種爭論價格、速度、品質、條件的協商，進入更廣闊的討論，看看彼此如何幫助對方提高策略利益。雖然最終不免仍有價格議論，但合夥途徑比只看價格更能為雙方帶來共贏。

夥伴心態可以讓你掙脫科層體制裡預算和地位的限制。作為高層、同儕及所有人的夥伴，你可掌握到更多資源，支持你實踐目標，**成為眾人希望追隨，而非不得不從的領袖。**

往好處想：悲觀者的樂觀指南

我從小認為，沒下雨，純粹是因為雨還沒下來——我是個徹頭徹尾、標準的悲觀主義者。這很不幸，因為所有研究都顯示：樂觀主義者活得比較長，也過得比較順利。這真是災難性的發現，身為悲觀者，處罰是早死與貧窮，而這又令我更加悲觀沮喪。誰想跟一個悲觀沮喪的同事共事？更別說悲觀的領導者了。領導者得是希望、明確的代言人，尤其當希望和明確顯得渺茫之時。

> **領導者必須是希望、明確的代言人。**

但是，要如何獲得樂觀的態度呢？叫你要樂觀、快樂、正面，是絕對無法讓你樂觀的。你不能從團隊或自己身上要求這種東西。樂觀來自內在，是一種思維習慣。但也正因如此，就像所有的其他習慣一樣，樂觀也是可以學習的。

關於樂觀，有兩種不同層面：

- 專業上的樂觀。
- 個性上的樂觀。

專業上的樂觀

所有領導者不時都得戴上「領導者的面具」，你心中也許很惱火沮喪，但表現出來往往只會讓事情變得更糟。所以，得戴上領導者樂觀積極的表情，情況不妙時更需如此。一路平坦時顯得樂觀積極很容易，但眾人不是在這種時候評斷你，而是在關鍵時刻。次頁表格是戴上領導者樂觀積極面具的方法。

緊張時刻很容易陷入負面行為，這很自然。舉例來說，假如你從不批評，部屬如何進步？但實際上，成人都不喜歡受到批評，這感覺上就像小孩被大人責怪，效

不要做	應該做
問出了什麼差錯。	找出解決辦法。
分析過往。	展開行動。
問誰搞砸的。	問誰能挺身而出。
散布疑慮：聚焦於風險和問題。	散播希望：聚焦於契機和成果。
批評。	獎勵。
問行得通或能成功嗎？	問我們如何能搞定或成功？

果往往不佳。全美修鞋連鎖店創辦人提姆森就很懂其中奧妙。每次訪查門市時，他都會準備一大堆小禮物，並要求自己稱讚屬下要是批評的十倍多。同時他也發現，即使只批評那麼一次，往往也沒有必要。遇到問題狀況，跟團隊一起尋找解決之道要比責怪來得好。讚美的習慣很有效，我們全都喜歡受到稱讚，這樣的稱讚比在社群媒體被按讚更棒，會讓大腦充滿令人愉快的多巴胺。

這些簡單且有效的習慣，是關鍵時刻可採取的作為，即便你是天生的悲觀者也辦得到。提出正確的問題，你就戴上了眾人希望看到的領導者樂觀面具了。

個性上的樂觀

如果你天性積極樂觀，就不需要戴上領導者面具，做自己就可以。反之，如果天性並不樂觀，以下有兩個練習，能讓你用比較正面的角度看世界。

練習一：王子與公主

在座談中，我經常問大家會希望過兩百年前王子公主的生活？還是充滿各種挑戰的現在？乍看之下，誰不想過王子公主的生活？但現實來了：沒有室內管線、熱水或暖氣；拔牙時沒有牙科護理或麻醉；各種無藥可醫的麻煩疾病；沒有網路、飛航、乾淨衣服等現代享受。很快地，多數人了解到我們今天要比兩百年前的王子公主好過太多。我們花太多時間聚焦於現代的毛病，卻忘了它所有的好。王子公主的練習讓我們留意去看現代生活一切的「日常奇蹟」，讓我們更懂得加以欣賞和感激。

練習二：神奇日記

這個練習一再被證明，能讓人更積極樂觀。

每日尾聲，寫下當天三件好事。書寫這個動作很重要，它能讓你確知好在哪裡，促使你對整日見聞更深入更有感。如此一個月，便會開始留意我們視為理所當然、太容易忽視的種種好事。

汲取好事的相對選項，是獵取壞事，即回顧一天下來出了哪些差錯或不如人意之事。有心找的話，壞事可多了，這是自尋苦惱的妙方。反之，努力搜尋好事，將發現自己愈來愈感謝現代生活。

這個練習還有變化版，就是記下今天學到的三件事，或幫助他人、受人幫助的三種方式。這種神奇技巧就是讓你的大腦更懂得觀照好事。大腦總要提醒你留意問題和風險，這是一定的。為此，隨時捕捉可喜之事，能讓你面露微笑，而非深鎖眉頭。

相信自己・當責的力量

許多專業人士抗拒當責（accountability）。沒人真心樂於被賦予責任，因為這有可能得為失敗負起責任。反觀一流的領導者不會逃避，反而傾身向前。

關於領導者的當責，有四種面向：

- 對自己所為負責。
- 掌控自身命運。
- 控制自我情緒。
- 相信自己。

上述每個面向都決定著你如何與外界互動。受害者認為，外力決定其命運與情緒。他們缺乏對自我的掌控感，欠缺自我效能，認為生活中的大小事錯不在己。出錯時，我們很容易陷入受害者心態，認為自己純粹受制於殘酷的命運。與此相對，領導者卻不這麼想。眾所皆知，蘋果創辦人賈伯斯有著「現實扭曲力場」（reality distortion field），深信自己有辦法憑一己之意扭轉世界與現實，而往往，他還真辦到了。

接下來，讓我們看一流領導者如何把當責化為職場及生活上的正面力量。

對自己所為負責

這是傳統的當責形式，卻經常令專業人士跳腳。專業人士對自己的表現總是極有自信，無需任何人窺伺其工作。問題是，專業工作就像領導力，充滿灰色地帶。作為新人，什麼時候該做什麼十分明確。隨著資歷漸長自由度變高，成功的定義也逐漸模糊。當你必須寫份報告，長度從一頁到一百頁都有可能，且無論多長，總有更多事實可以研究、更多意見可供參考。目標模稜兩可之下，專業人士往往過度完成、過度達標，結果壓力巨大，筋疲力竭。

”當責是你的朋友，不是敵人。

目標含糊導致崩潰，其解方就是有極為明確的目標。換言之，當責是你的朋友，不是敵人。明確目標讓工作有了清晰的輪廓，讓你能與老闆展開一場重要對話：「我需要做些什麼，才叫達成使命？」這樣一個問題，將使你該做什麼、該做的原因、進行的方法變得清晰。

掌控自身命運

你最不需要讀的好書叫做《奇異傳奇》（*Control Your Destiny or Someone Else Will*，原書名直譯為：命運自己掌控，否則將任人宰割），因為要講的都在書名裡。

假如你在一家差勁的公司、跟著差勁的老闆、做著差勁的工作，錯在誰？把自己的不幸怪罪在別人很容易，卻不對。指責他人是一種受害者心態，會讓你喪失力量，成為外在的犧牲者。當你的命運由外在操控，你就無力可施。然而，不責怪別人的另外一個選擇，也並非責怪自己。捫心自問時，我們經常成為自己最大的敵人，對自己講出從不會對他人講的話。為此，要學會控制捫心自問，讓它成為你最棒的朋友而非最大敵人。與其為不幸痛責自己，不如靠向前去，弄清問題原因，記取教訓，找出解決辦法。此時，當責意味著掌控局面，展開行動。

> **捫心自問時，經常使自己成爲自己最大的敵人。**

事情出錯時，掌控自己命運更顯重要，此時當責可能令人備感孤獨。你可能發現一堆資深主管和同儕開始「幫」你，出手掌控，從你手中接管局面，剝除你的責任，但其實這種結果可不好。再次強調，一流領導者會趨近當責。碰到挫敗，你必須掌控現實，主導話語權，因為你要帶領復原，讓大家看到你備妥方案，使它成真。

即便在最糟的情況下，通常仍有可展開復甦的行動，像是打個電話或請求援助。重點在於你仍控制大局，握住自己的命運。當你失去對局勢和話語權的控制時，不用懷疑，新的話語權絕對不利於你。

控制自我情緒

假設你度過了漫長艱辛的一日，近尾聲時，一個你不怎麼喜歡的同事前來惹你，還可能心存故意。此時，你絕對有權感到氣惱煩悶，但沒人規定你必須如此感覺——選擇在你。假如你讓自己氣急敗壞，就是讓自己成為受害者，讓別人決定你的感受。當你的感受由他人而不是自己掌握時，就會陷入消極、不快樂的受害者心態。

在此的關鍵是，**你能選擇自己的感受**。你可以選擇樂觀或悲觀，正面或負面，憤怒或開心，這都是個人的選擇。一旦你知道你有所選擇，並善加運用，就會發現海闊天空，情勢在己。研究越戰時期的戰犯顯示，每個人的反應截然不同，有些犯人能熬過殘酷情境。狀況最佳的倖存者，是準備好面對殘忍現實的樂觀主義者。他們的樂觀並非盲目期待救贖與釋放，而是相信自己能夠撐過，能掌控自己唯一能掌控之事——自己的感受。

”你能選擇自己的感受。

那麼，出狀況的緊張瞬間、看見紅色迷霧開始落下時，如何選擇才對？「戴上領導者面具」說來容易，做到很難。簡單說就是「爭取時間」，要有充足的時間阻止自己做出反射動作（發怒），讓自己有充裕的時間慎思下一步。也許你仍選擇發火，但起碼會是有節制的怒火。我問過多位領導者他們在這種時刻爭取時間的方法。

在第三章談處理衝突時，我們看過在反應前爭取關鍵兩、三秒，而不同的領導者有不同對策。但無論如何，採用何種方法不重要，只要你的反射動作是爭取時間、做出你打算有何感受與行動的好決定就可以了。

相信自己

許多傑出的領導者過於有自信，他們不僅有著優越情結，甚至還有救世者情結。這在某些成功的創業者身上尤其明顯。他們自信從未犯錯，誰都無法符合他們的標準，與其共事往往非常困難。

> 如果連自己都不相信自己，那誰也不會相信你。

然而，更常見的問題是冒牌者症候群（impostor syndrome），受其困擾的領導者多得令人吃驚。他們懷疑自己是否真是該位置的最適任者，甚至能否勝任。這是個大問題，因為如果你連自己都不相信自己，那誰也不會相信你。

針對冒牌者症候群，有四種解方：

- 洞悉真相。
- 專注於自身強項。
- 打造你的團隊。
- 選擇性充耳不聞。

洞悉真相

本書一再強調，沒有哪個領導者能面面俱到。**完美領導者並不存在，只有在既有環境下勝出的領導者**。當環境或條件改變，通常就需要更新領導者的條件。就像一位年輕執行長對我坦言的：「過去，我對所有非常成功的年長領導者都感到敬畏。後來我開始跟他們打交道，發現他們全是笨蛋。他們都在苦戰，就跟所有人一樣。只是他們裝得輕鬆自如。從此我明白，我的領導力可以跟所有人媲美。」

戴著領導者面具時要表現出信心、樂觀與成功，因為沒人想跟隨一個怯懦、悲觀的失敗者。然而對許多領導者而言，這是他們得學習要表現出來的舉動。跟所有人一樣，他們也有懷疑及不確定，也歷經諸多失敗，只是他們選擇要對外表現出什麼樣貌而已。不過這正是危險之處，當我們看到這些舉止，便以為要成為領導者就必須完美，以及擁有一連串的成功經歷。事實上，所有領導者都經歷過掙扎。

如果你不盡完美，不代表你是冒牌者，只是跟世上所有領導者一樣。假如你尋求完美，就永遠無法成為領導者，因為所有人都不完美。努力做到夠好，然後在角色中學習成長，就可以了。

專注於自身強項

專注於自己的弱點，就永遠無法成功。你能做到今天這個位置，一定事出有因，有人留意到你的強項，而你自己也該好好仔細注視這些強項，人家肯定你是因為你的優點，而不是缺點。

那麼該如何專注於自己的強項呢？找出能讓強項而非缺點發揮之處。假如你很會刪減成本，卻接做行銷業務的主管，恐怕就不是個好主意，反之亦然。

然而在某些時刻，得培養出新強項，而非只仰賴既有。新的職位需要新的技能，要讓自己跟本業最新技能及科技與時俱進，這表示必須不斷學習和成長，這也是本章所談的關鍵心態之一。

打造你的團隊

貫穿此書的一項主題是：領導是團隊運動。沒有任何一位領導者樣樣突出，你得在身邊打造一支能平衡你技能的團隊。不用擔心自己不擅長行銷或財務，該慶賀你能找到這些領域的專家進入團隊。

選擇性充耳不聞

回饋可能很殘酷，尤其在你申請某個職位被拒時。這種回饋可能毫無幫助。你會聽到未錄取的各種理由，而風險藏在你聽信了。假如你相信，那可能接下來的兩、三年都一直努力修正面試官或老闆回饋時指出的問題，進而可能因此毫無必要地讓自己倒退了兩、三年。

事實上，面試官得為他們的決定找理由，於是他們編個故事，而也許他們真的如此相信。那個故事或許反映出事實，或許沒有。你該聽他們說，但不必全盤接受。

對你自己需要、想要加強哪些地方，寫下你自己的腳本。相較於某個陌生人硬派給你的劇情，你自己寫的腳本對你更有幫助。

最後，當責是你的朋友，親近它，好進一步看清目標。選擇自己的感受，掌控自己的命運，拿回自己職涯發展的主導權。

不斷學習：掌握成功的技藝

你位居領導者來到五十歲時，與三十歲成為領導者的你，這兩位領導者是不一樣的。隨著晉升，你必須不斷學習和適應，甚至，如果沒能學習及適應，晉升其實是很危險的。

打個比方，假設足球隊的教練離開了，身為明星球員的你被要求接任。截至目前，你是因為不斷跑動、傳球、鏟球和進球而表現出色，於是此刻加倍演出，跑得更多、不斷傳球、一直鏟球、努力嘗試進球，結果你被炒了魷魚。哪兒出了差錯？

”如果你沒能學習及適應，晉升其實是危險的。

身為球隊教練，你的角色並非隊中最佳球員，而是要挑選、訓練、提升這支隊伍的實力，以及決定戰術。教練所需的技能跟球員截然不同。在運動界中，很多最佳教練昔日在場上表現平平，而能成為優秀教練的優異球員也只在少數。然而在商業界，卻仍一直認為頂尖球員將會成為最佳教練。

實際上，每次晉升都需要學會新的技能。在專業服務公司，他們談及三個階層：發現者、看守者和研磨者：

- 發現者是專門爭取及維護高階客戶關係的合夥人。
- 看守者是管理專案和團隊的經理人，往往也是成功的引擎。
- 研磨者是專做苦工，整天學習本事的專員。

發現者、看守者和研磨者的技能完全不同——這就是問題的關鍵所在。身為研磨者，你會從苦工及一些洞見取得成功方程式。看守者的成功方程式不一樣，意味你得拋棄原來的成功模式，學會新的一套。在每個產業，都會面臨同樣的挑戰。每次晉升，就得學會新的一套技能及新的成功模式，否則無法生存。

眼前的挑戰是，隨著職涯晉升，傳統的訓練愈來愈沒什麼用。新人時期，訓練能幫助你掌握技術面的技巧，諸如：會計、資訊、法律或財務。隨著升遷，技術能力的重要性逐步減低，要建立的是人際與政治技巧，像是：激勵、分工授權、處理危機與衝突、推銷自己的構想、影響及說服他人。而這些，都不是你從販售既定理論、用掛圖講課的在地訓練課程中能獲得的。

因此，你得有一套學會讓大家默認的領導知識的辦法。課程教你明確的知識，也就是職涯初期很重要的「專業」技術能力。至於成功的人際和政治技巧，則不是

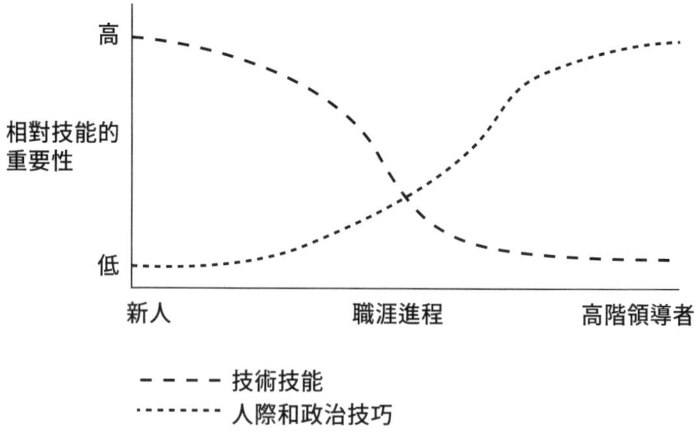

圖 6-1：領導者的技能與職涯關係

隨便一堂四小時外部課程就能教的「訣竅」技能。學會隱性技能的傳統途徑是透過「經驗」，但這既緩慢又不可靠。

所幸，有方法可以加速學習速度，關鍵是要從每一次經驗中汲取每一分知識。你可以在每次重要場合——無論是一場會議、匯報、演說，或甚至電話會議之後，不斷自問兩個問題：「哪裡做對了」以及「如果……就更理想了」。

- **「哪裡做對了？」（What went well? 簡稱WWW）**：我們都會從錯誤中學習，但許多領導者很不懂得從成功記取教訓。他們以為成功理所當然。不是的，事情總是暗中跟我們作對，因此，當事情走得很順，就表示哪裡做對了。你必須了解自己哪兒做得好，以便日後可做更多。WWW讓你打造屬於自己的成功工具箱，漸漸創造出能在所處環境發威的成功祕訣。
- **「如果……就更理想了」（Even better if... 簡稱EBI）**：出了差錯之後我們常會自責，內心以從不用於他人的批判程度來嚴厲自譴。然而這跟否認有狀況或矛頭指向他人一樣無濟於事，這些反應使我們學不到教訓，以致將來勢必重蹈覆轍。從負面經驗汲取養分的積極方式是提出EBI：「那時如果……就更理想了」。ＥＢＩ促使你思索下次能採用其他什麼策略，可能更有幫助。

當我跟高階客戶總監（其實就是業務員，儘管他們痛恨這種稱謂）訪談，他們總是回到基本原則。他們從不會說：「如果當時我更懂得掌握對方心態就更理想了。」而往往這麼講：「如果我懂得多聽少講……如果我有提出更多問題……如果我之前的準備更充分，情況就更理想了。」你的成功方程式也要簡單。不用去學習深奧的人際和政治技巧，只要充分掌握幾樣簡單技巧，時時加以運用就可以了。

這兩個問題，也是很好的團隊指導工具。形成慣例，讓大家定期匯報，從經驗汲取教訓。優異團隊都這麼做，無論是運動隊伍、商業團隊或紅箭（英國皇家空軍的菁英特技表演隊）。ＷＷＷ與ＥＢＩ是簡單積極的匯報手法。一定要從ＷＷＷ開始，且絕對不提出它的邪惡表親：「哪裡出錯了？」只要提出這個問題，肯定招致背後暗捅、交相指責的局面，最終沒人能從中得到任何教訓。

”不斷重塑自己。

身為領導者，必須不斷學習，不斷重塑自己。套句美國未來學家艾文．托夫勒（Alvin Toffler）的話：「二十一世紀的文盲不再是那些不能讀寫的人，而是不懂得該先學習，而後揚棄所學，再重新學習的人。」

掌控陰暗：冷酷無情

如果你廣泛閱讀領導力的相關書籍文章，就會發現多數都側重描寫其正面。但也有些例外，比方你能找到描寫有精神疾患的領導者，但一般而言，他們總被描繪成良善有操守。然而一窺歷史即可見，著名領袖大多數是邪惡的殺人魔，許多商業鉅子毫不留情地剝削勞工。高效領導者不盡然是友善的領導者，即便友善的領導者也可能令人渾身不自在，他們往往非常目標取向，且投入到一種執著的程度。

> **高效領導者不盡然是友善的領袖。**

經年訪問過無數領導者，我發現他們都具有一個黑暗面：無情。這個說法讓他們跳腳，堅持他們只是在必要時表現出「稜角」。這個稜角攸關績效，尤其如果是想率領眾人到達他們自己無法企及之境的真領袖，還會要求甚至強迫團隊脫離舒適圈。作為領導者，你不斷聽見無法及時完成、無法達成目標的各種理由，假如你講理，就會接受這些藉口，據以修正目標和期限。問題是，當你接受藉口，就等於是接受了失敗，接受了差勁的績效。因此身為領導者的你，必須無情地堅持目標，不過即便如此，仍可對團隊的達成手段保持彈性並予以支持。

多數領導者之所以展現其無情性格，是因為極其專注於實現使命。他們堅持目標，迫使組織與同事發揮極致，為難題找到漂亮出路。他們強迫創新，強迫速度，強迫日新又新。

如同以往，這種目標取向可能會走過頭。違法的抗議者、殺人的恐怖主義者、進行賄賂造成污染扭曲律法的商業領袖，都是極端目標取向，堅信成果重於手段。無論如何，就是那種使命感帶來了冷酷無情，讓他們不計一切推到極致或衝破界線。

然而，**要做無情之事，不見得要做冷酷之人**。要做的是心無二致，全力達成重大目標或使命，於是你自然做出犧牲，並期待他人同樣表現。

一般來說，領導者的無情表現在兩大方面：目標導向和績效表現。

目標導向

除了某些例外，一般來說領導者並非為了無情而無情。他們之所以如此，是出於使命及目標導向。如果你對目標沒有轉圜餘地，那麼對達成手段給予充分彈性並提供高度支持，就十分值得。如果在過程上你無情又沒彈性，對待成員無情又不講人情，就不會有高士氣的團隊，目標也幾乎無法達成。

若沒有全心投入於目標或使命，就會是個差勁的領導者。你會聽取何以無法成事的一切藉口、問題和理由，從而降低目標放寬期限。當成員發現自己原本的承諾有翻盤空間，你就等同打開了閘門，同事將不斷前來試圖修正目標。你放心，他們不會是要說服你調高他們的業績。你將步步走向平庸。

為此，有時欲求非凡的績效，就需要領導者無情以對。

績效表現

解僱很難，因為你知道這樣會嚴重傷害了某人的生活，剝奪他們的生計，背叛他們的信賴，傷害他們的自我形象。大多數（但並非所有）的領導者並不喜歡要人走路，但說到底，使命第一。殘酷地說，組織的生存在個人存活之上。舉例來說，某校長解聘了一位和她逾二十年交情的同事。這位校長做人極好，專業則毫不留情。我問她怎能做到拋卻二十年的友誼和信賴，她的答覆直指核心：「我得決定是要提升數百名學童的生存機會，還是為一名阻礙孩子進步的成人維持生計方式。我必須挺這些孩子。」

❞組織的生存，在個人存活之上。

所謂的績效，不盡然在達成目標，也可能是實現組織的價值觀。另一位執行長如此陳述：「我發現自己用人多半因為他們的技能，解僱則出於他們（欠缺）的價值觀。」同樣地，他也是私下人非常好，但必要時在專業上毫不留情。

很顯然，這是一條滑坡。所有的領導者在第一次必須解僱人時，都感到非常困難，但就像吸血鬼嘗過血，此後開始上了癮。他們會發現事情出錯時，找人開刀是轉移焦點的終極辦法，畢竟捲鋪蓋走掉的人無法為自己說話。然而，這是差勁經理人讓自己顯得厲害的方法。

結語

領導力之旅

本書要傳遞的主旨很簡單：任何人都能學習領導力，並懂得如何領導地更好。

你毋須等被高升才開始學習領導能力。無論此時的你在什麼位置，都能也都應開始這麼做。**所謂的領導力的展現不在於頭銜，而在作為。**一流領導者做些什麼並不神祕。說到底，他們全都有一樣的藍圖：由構想（Idea）、人才（People）、行動（Action）構成的IPA三角。當你對如何打造一個完美未來的公司或部門有清晰的構想時，便站穩了起點。好的構想讓你擁有前景，讓你開始掌控命運，而非聽由外力塑形。接著在身邊打造一支優秀團隊，協助他們化構想為行動。

然而，領導力這個課題，說來簡單做來難。沒人具備全部技能，許多頂尖領袖的弱點十分顯眼，但這點應能令你心安。沒有哪位領導者十項全能。你毋須成為完美領袖才能成功，完美領袖並不存在。你要做的，是以自己的強項為基礎，把自己的潛能發揮到極致。領導者各形各色，所以只要培養出最適合自己的風格，落實你的IPA領導藍圖，就可以了。

與其費力成為完美的領導者，不如力求改進。一流領導者永不停止學習成長，你也必須如此，因為組織內每個層級對你的要求各不相同，你將不斷面臨新的挑戰。換言之，領導力是一趟發現之旅，目標不是邁向終點。以這種態度上路，視每個挑戰為學習、成長、發光發熱的契機。

”視每個挑戰爲學習、成長、發光發熱的契機。

懷抱領導者的勇氣，你的人生將充滿聲光色彩，幕幕值得回顧。這種生活方式非常棒，好壞皆使人回味，從中你將變得更強。好好享受這趟領導力之旅吧！只有樂在其中，才會出人頭地；唯有熱愛所為，才能堅持長久付出。你的領導力之旅將獨一無二，無論過程景色如何，請盡情享受！

謝辭

撰寫這本書對我來說，是一趟個人的發現之旅，途中我遇見許多指引我的舊雨新知。這趟行程之所以會展開，都要感謝「教學優先」成員們的鼓舞。如果他們是未來的領袖，我們對未來盡可感到放心。成立於二十年前，「教學優先」已是全英國最大的畢業新鮮人招募機構，而這恰是領導見於行動的典範；而在其中探索領導力過程的所有成員，我希望此書對他們有所裨益。

沒有 Richard Stagg、Eloise Cook 和 Pearson 團隊的貼心相助，我不會有成就此書的勇氣。

埋首研究期間，多虧許多人付出時間予以大力支持。「教學優先」與其他非政府組織裡的大量成員，是活生生、測試本書構想的實驗室。我也深深感謝數千位接受我訪問，或閒談、或答覆問卷的各位。前五版的讀者提供了實用點子、深刻問題和銳利的編輯指教，這也要感謝 David Purdey 之助。無法將所有材料一一放進，是我唯一的遺憾。

最後，謝謝這些年我服務過的一百多家企業，我從他們身上學到很多東西，也希望自己有所回饋。

領袖如同作者，應當學著擔起責任。因此，本書若有任何瑕疵全部歸咎於我，與至今及未來慷慨支持我的讀者一概無關。